"十二五"职业教育国家规划教材
经全国职业教育教材审定委员会审定

复旦卓越·普通高等教育 21 世纪规划教材·机械类、近机械类

制图测绘与 CAD 实训

主 编 刘立平

复旦大学出版社

内 容 简 介

本教材采用项目化教学,将每一个项目分成典型的工作任务,使学生在完成工作任务的同时达到能力目标和知识目标。

本教材主要内容包括典型零件测绘、AutoCAD绘制零件图、常见部件测绘、化工单元测绘等。

本教材可以作为高职高专机械类或近机械类制图测绘与CAD实训、制图测绘实训教材,或作为计算机绘图实训、课程设计教学参考用书,也可作为普通高等学校工科各专业制图测绘与计算机绘图实训教材。

前　　言

为了实现高职院校工科各专业人才的培养目标,针对制图测绘和 CAD 实训课程的要求,以及社会工程技术人员关于 AutoCAD 使用的需要,参考了计算机绘图师培训大纲,总结多年的教学经验,并听取多方面意见编写了本书。

本书内容包括典型零件测绘、AutoCAD 绘制零件图、常见部件测绘、化工单元测绘等,具有以下特点:

1. 以行业需求、市场需求为导向。

2. 本书框架反映职业工作过程的本质。以项目导向设计教材的教学模式,以任务驱动设计教材的教学情境,以教、学、做一体设计教学环节,使实训领域与工作情境一致、实训过程与工作过程一致、实训任务与工作任务一致,实现高职人才培养的目标。

3. 高职院校双师型教师和企业专家共同设计。编写符合高职学生的认知规律;项目中的任务源于生产实际,符合岗位需求,充分体现教学过程的实践性、开放性、职业性;实现教材内容与职业标准对接、教学过程与生产过程对接、学历证书与职业资格证书对接。

本书由刘立平主编,徐向红、卢世忠任副主编。参加本书编写的有:兰州石化职业技术学院刘立平(项目一、四)、沙洲职业工学院徐向红(项目三中任务 3.3)、兰州石化公司设备维修公司卢世忠、余永增(项目三中任务 3.1 和附录)、新疆交通职业技术学院衣玉兰(项目三中任务 3.4)、兰州石化职业技术学院张伟华(项目二、项目三中任务 3.2)。书中零件草图、零件工作图、装配图全部由刘立平徒手或计算机绘制。全书由刘立平负责统稿。

本书在编写过程中,参阅了大量的标准规范、近几年出版的相关教材,在此向有关作者和所有对本书的出版给予帮助和支持的同志,表示衷心的感谢!

由于编者水平所限,书中疏漏和欠妥之处在所难免,敬请广大读者批评指正。

编　者
2015 年 1 月

目 录
Contents

项目一　典型零件测绘

● **能力目标**

1. 熟悉零件测绘的基本方法和步骤。
2. 快速绘制零件草图。
3. 正确选择测量工具，并正确测量尺寸。
4. 能够确定典型零件的技术要求参数。
5. 正确查阅标准手册。

● **知识点**

1. 零件测绘的应用。
2. 常见测量工具及其使用。
3. 尺寸圆整的方法。
4. 零件测绘的方法与步骤。

 **知识链接**

1. 零件测绘的概念及应用

根据现有的零件，不用或只用简单的绘图工具，通过目测，快速徒手绘制出零件草图，再进行测量并标注尺寸和技术要求，经过检查、调整之后，用尺规或计算机绘制出供生产使用的零件工作图，这个过程称为零件测绘。零件测绘对推广先进技术、交流生产经验、改造现有设备、技术革新、修配零件等都有重要作用。因此，零件测绘是实际生产中的重要工作之一，是工程技术人员必须掌握的基本技能。

根据测绘的用途不同，零件测绘可分为：

（1）维修测绘　机器或设备在使用或检修过程中，某一零件损坏，在无备件与图样的情况下，就需要对已损坏的零件进行测绘，依据测绘尺寸，参照相关标准复原其原始形状，绘制出满足该零件加工需要的图样。

（2）设计测绘　在设计工作中，不可能完全靠想象设计一台新的机器或设备，很多零部件都是在借鉴其他设备的基础上改进或重新组合。若原有零部件没有图样，就需要设计者测绘。

（3）仿制测绘　引进的新机器或设备（无专利保护），因其使用性能良好，具有一定的推广应用价值。但若缺乏图纸和技术资料，就需要对现有机器、设备进行测绘，获得生产该机器、设备的技术资料，以便指导生产。

（4）制图测绘实训教学　制图测绘是高校工科机械类、近机械类各专业，在工程制图教学中开设的一门岗位能力课程。通过一周或两周的集中实训,巩固学生学习工程制图的理论知识,提高学生绘图能力、测量能力,培养学生工程意识、创新能力以及与人合作的精神。

2. 常见测量工具及其使用

2.1 游标量具

游标类量具是利用尺身刻线间距与游标刻线间距之差进行读取毫米小数数值的量具,常见的有游标卡尺、深度游标卡尺、高度游标卡尺、齿厚游标卡尺、游标万能角度尺等。常见的游标类量具的性能及应用,见表 1-1。

表 1-1 游标类量具的性能及应用

单位:mm

名称	结构	测量范围	精度	用途
游标卡尺	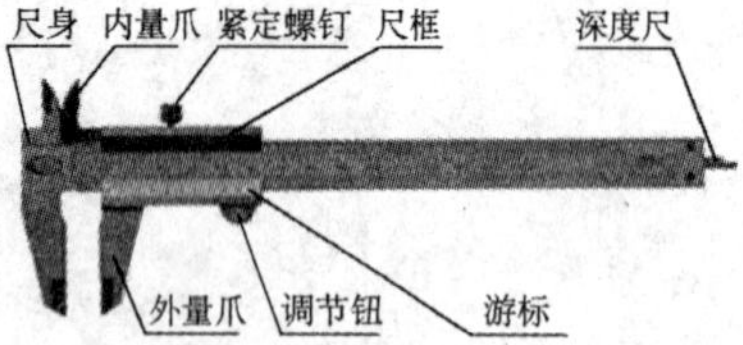 尺身 内量爪 紧定螺钉 尺框 深度尺 / 外量爪 调节钮 游标	0～125,0～150 0～200,0～300 0～500,0～1 000	0.02,0.05, 0.10	测量长度、内径、外径、深度、孔距等尺寸
深度游标卡尺	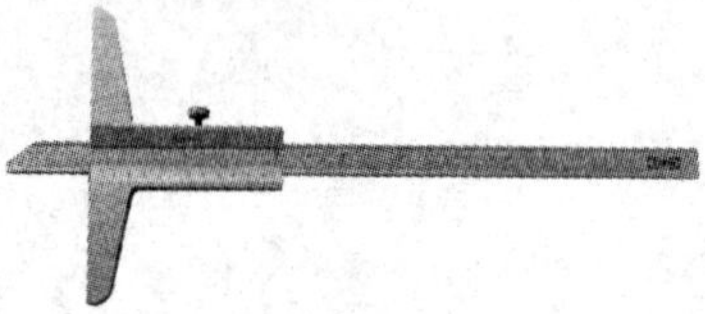	0～200,0～300 0～500	0.02,0.05	测量深度、台阶高度等尺寸
高度游标卡尺		0～200,0～300 0～500,0～1 000	0.02,0.05	测量高度尺寸、精密划线
齿厚游标卡尺	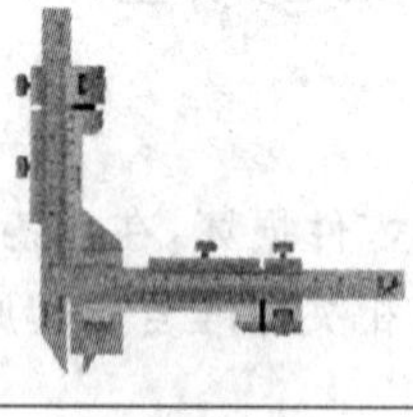	1～16 1～18 1～26 2～16 2～26 5～36	0.02	测量齿轮齿厚
游标万能角度尺		Ⅰ型 0～320° Ⅱ型 0～360°	2′,5′	测量角度尺寸

2.1.1 精度为 0.02 mm 的游标卡尺的刻线原理及读法

刻线和读数方法如图 1－1(a)所示,主尺上每小格 1 mm,每大格 10 mm,主尺上 49 mm;副尺上分 50 小格,每小格的长度为 $49 \div 50 = 0.98(mm)$,主、副尺每格之差 $= 1 - 0.98 = 0.02(mm)$。因此,这种尺的精度为 0.02 mm。游标卡尺的测量读数＝主尺刻度＋副尺刻度。

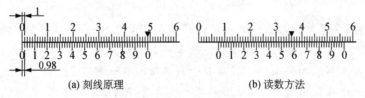

(a) 刻线原理   (b) 读数方法

图 1－1　0.02 mm 游标卡尺的刻线原理和读数方法

游标卡尺读数步骤,如图 1－1(b)所示:

第 1 步:读出副尺零线以左的主尺上的刻线值,即为最后读取的整数值部分,读取 7 mm。

第 2 步:数出副尺上与主尺刻线对齐的那一根刻线的格数,将格数与刻线精度 0.02 mm 相乘,即得到最后读取的小数值部分。数出 29 格,$29 \times 0.02 = 0.58(mm)$。

第 3 步:将读取的整数与小数相加,即得被测零件的尺寸 $7 + 0.58 = 7.58(mm)$。

2.1.2 精度为 0.05 mm 的游标卡尺的刻线原理及读法

(1) 方法一 如图 1－2(a)所示,主尺上每小格 1 mm,每大格 10 mm。主尺上 19 mm,副尺上分 20 小格,每小格的长度为 $19 \div 20 = 0.95(mm)$,主、副尺每格之差 $= 1 - 0.95 = 0.05(mm)$。因此,这种尺的精度为 0.05 mm。

游标卡尺的测量读数＝主尺刻度＋副尺刻度。例如,图 1－2(b)所示读数为 $26 + 11 \times 0.05 = 26.55(mm)$。

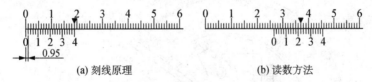

(a) 刻线原理   (b) 读数方法

图 1－2　0.05 mm 游标卡尺的刻线原理和读数方法(一)

(2) 方法二 如图 1－3(a)所示,主尺上每小格 1 mm,每大格 10 mm,主尺上 39 mm;副尺上分 20 小格,每小格的长度为 $39 \div 20 = 1.95(mm)$,主尺上每 2 格与副尺每格之差 $= 2 - 1.95 = 0.05(mm)$。因此,这种尺的精度为 0.05(mm)。游标卡尺的测量读数＝主尺刻度＋副尺刻度。

例如,图 1－3(b)所示读数为 $17 + 16 \times 0.05 = 17.80(mm)$。

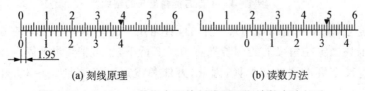

(a) 刻线原理   (b) 读数方法

图 1－3　0.05 mm 游标卡尺的刻线原理和读数方法(二)

重点提示

① 使用前,首先检查主尺和副尺的零线是否对齐,并用透光法检查内外量爪量面是否贴合。

② 测量时,要用量脚的整个测量面进行。取下读数时,应先锁紧紧定螺钉。

③ 游标卡尺只能测量处于静止状态的零件。

④ 游标卡尺不能和榔头、锉刀、车刀等刃具堆放在一起。

⑤ 游标卡尺在使用过程中,放置卡尺时应注意将尺面朝上平放。

⑥ 游标卡尺使用完毕应擦干净放入专用盒内。

2.1.3 万能角度尺的刻线原理及读法

万能角度尺是用来测量精密零件内外角度或进行角度划线的量具,图1-4所示是Ⅰ型万能角度尺的结构。万能角度尺由刻有基本角度刻线的主尺和固定在扇形板上的游标组成,扇形板可在主尺上回转移动(有制动器),形成了和游标卡尺相似的游标读数机构。万能角度尺的读数方法和游标卡尺相同,先读出游标零线前的角度度数,再从游标上读出角度分的数值,两者相加就是被测零件的角度数值。

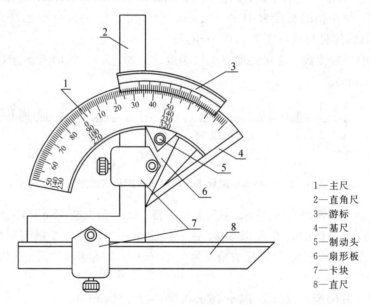

1—主尺
2—直角尺
3—游标
4—基尺
5—制动头
6—扇形板
7—卡块
8—直尺

图1-4　Ⅰ型万能角度尺的结构

在万能角度上,基尺4是固定在尺座上的,直角尺2是用卡块7固定在扇形板上,可移动直尺8是用卡块固定在角尺上的。若把直角尺2拆下,也可把直尺8固定在扇形板上。由于直角尺2和直尺8可以移动和拆换,因此,万能角度尺可以测量0°~320°的任何角度,如图1-5所示。

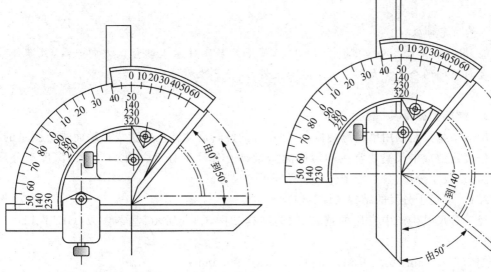

(a) 角尺和直尺全装上时,可测量 0°~50°的外角度　　　　(b) 仅装上直尺时,可测量 50°~140°的角度

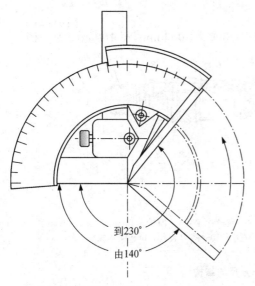

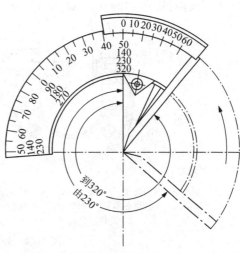

(c) 仅装上角尺时,可测量 140°~230°的角度　　　　　(d) 把角尺和直尺全拆下时,可测量 230°~320°的角度
　　　　　　　　　　　　　　　　　　　　　　　　　　　　　（即可测量 40°~130°的内角度）

图 1-5　Ⅰ型万能角度尺的使用方法

 **重点提示**

　　① 万能量角尺的尺座上,基本角度的刻线只有 0°~90°,如果测量的零件角度大于 90°,则在读数时,应加上基数(90°或 180°或 270°)。当零件角度为 90°~180°时,读数＝90°＋量角尺读数;为 180°~270°时,读数＝180°＋量角尺读数;为 270°~320°时,读数＝

270°+量角尺读数。

② 用万能角度尺测量零件角度时,应使基尺与零件角度的母线方向一致,且零件应与量角尺的两个测量面的全长上接触良好,以免产生测量误差。

2.2 螺旋测微量具

螺旋测微量具是利用精密螺旋传动,把螺杆的旋转运动转化成直线移动而进行测量的,其测量精度比游标卡尺高。常用的螺旋测微量具有外径千分尺、内径千分尺、深度千分尺(千分棍)、螺纹千分尺、公法线千分尺和杠杆千分尺等。

2.2.1 外径千分尺的结构及读数原理

外径千分尺是生产中常用的精密量具,结构如图 1-6 所示,基本参数(GB/T 1216—2004)如下:

精度为 0.01 mm、0.001 mm、0.002 mm、0.005 mm;

测微螺杆螺距为 0.5 mm 和 1 mm;

量程为 25 mm 和 100 mm;

测量范围:从 0~500 mm,每 25 mm 为一档;从 500~1 000 mm,每 100 mm 为一档。

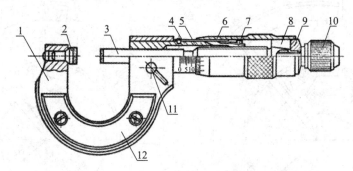

1—尺架;2—固定测砧;3—测微螺杆;4—螺纹轴套;5—固定刻度套筒;6—微分筒;7—调节螺母;8—接头;9—垫片;10—测力装置;11—锁紧螺钉;12—绝热板。

图 1-6 外径千分尺的结构

(1)外径千分尺刻线原理(0~25 mm) 外径千分尺固定套筒长 25 mm,刻有 50 等分的刻线。微分筒旋转一周,带动测微螺杆轴向移动 0.5 mm;微分筒转一格,测微螺杆轴向移动 $0.5 \div 50 = 0.01 (\text{mm})$。因此,精度为 0.01 mm。

外径千分尺的测量读数=固定刻度(整刻度+半刻度)+微分刻度+估读数。

(2)外径千分尺的读数步骤 具体如下:

第 1 步:校对零位;

第 2 步:读出活动套筒边缘在固定套筒上露出刻线的整毫米和半毫米数;

第 3 步:数出活动微分套筒哪一格与固定套筒上的基准线对齐,读出刻度线值,将刻度值与刻线精度 0.01 mm 相乘,即得到最后读取的小数值部分;

第 4 步:将上述两组值相加,即得被测零件的尺寸。

若活动微分套筒上没有刻度线与固定套筒上的基准线对齐,读数时需要估算一位。

读数举例,如图 1-7 所示。

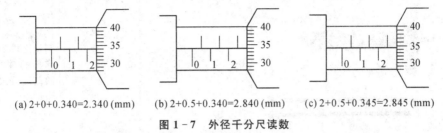

(a) 2+0+0.340=2.340 (mm)　　(b) 2+0.5+0.340=2.840 (mm)　　(c) 2+0.5+0.345=2.845 (mm)

图 1-7　外径千分尺读数

重点提示

① 测量前,必须校对零位。0~25 mm 的千分尺校对零位时,应使两测量面合拢;大于 25 mm 的千分尺校对零位时,应在两测量面之间正确安装校对棒。

② 测量时,应握住千分尺的绝热板,以减少温度对测量的影响。测微螺杆的轴线应垂直于零件被测表面,然后转动微分筒,待测微螺杆的测量面接近零件被测表面时,再转动棘轮转帽,使测微螺杆测量面接触零件被测表面,当听到"咔、咔、咔"声音后,停止转动,读数。

③ 测量处于静止状态的零件。取下读数时,需锁上紧定螺钉。

④ 不能测量粗糙的表面。

⑤ 使用完毕应擦干净放入专用盒内。

2.2.2　其他千分尺

其他千分尺的结构、性能及应用见表 1-2。

表 1-2　几种千分尺的性能及应用　　　　　　　　　　　　单位:mm

名称	结构	测量范围	精度	用途
内径千分尺		50~175 50~250 50~575	0.01	测量 50 mm 以内的孔径尺寸,误差较大
三爪内径千分尺		6~8, 8~10 10~12, 11~14 14~17, 17~20 20~25, 25~30 30~35, 35~40 40~50, 50~60 60~70, 70~80 80~90, 90~100 等	0.05	测量中、小直径的内孔直径尺寸

名称	结构	测量范围	精度	用途
深度千分尺	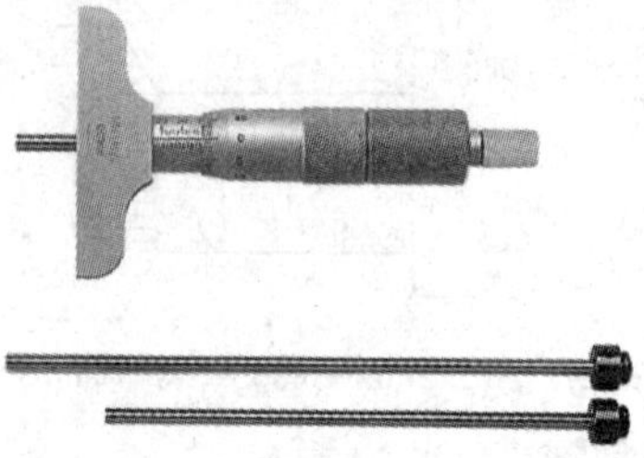	0～100，0～150	0.01	测量工件的孔或阶梯孔的深度、台阶的高度等尺寸
螺纹千分尺	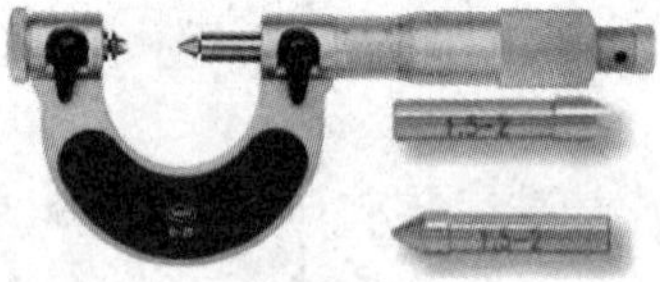	0～25，25～50 50～75，75～100 100～120，125～150 等	0.01	测量外螺纹工件的中径尺寸
公法线千分尺		1～25，25～50 50～75，75～100 100～125 125～150	0.01	测量圆柱齿轮的公法线长度尺寸

2.3　指示表测量器具

各种指示表测量器具的结构形式有所不同，但工作原理基本相同，都是利用齿轮、杠杆或弹簧等传动机构，把测量杆的微量移动转换为指针的转动，在表盘上指示出测量值。

指示表测量器具根据结构和用途不同，可分为百分表、千分表，杠杆百分表、千分表，内径百分表、千分表，杠杆齿轮比较仪，扭簧比较仪等。

2.3.1　百分表的结构及读数原理

百分表是一种精度较高的比较量具，它只能测出相对数值，不能测出绝对数值。主要用于测量形状和位置误差，也可用于机床上安装工件时的精密找正。

百分表的工作原理如图 1-8(a) 所示。百分表内的齿杆和齿轮的齿距是 0.625 mm，齿杆上升或下降 16 齿时，刚好是 10 mm。当测量杆 1 向上或向下移动 1 mm 时，通过齿轮传动系统带动大指针 5 转一圈，小指针 7 转一格。如果表盘刻线是 100 格，则大指针每转一格，即代表齿杆上升 0.01 mm，小指针每格读数为 1 mm。图 1-8(b) 所示表中读数为 1.64 mm。

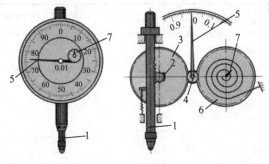

（a）工作原理

（b）读数举例

图1-8 百分表的结构及工作原理

2.3.2 其他指示表测量器具

其他指示表测量器具的性能及用途见表1-3。

表1-3 指示表测量器具的性能及用途   单位：mm

名称		结构	测量范围	精度	用途
百分表			0~3，0~5，0~10 大量程大于10，小于或等于100	0.01	测量长度尺寸、形位偏差、调整设备或装夹工件的位置，也可用于各种测量装置的指示部分
千分表			0~1 ≤10	0.001 0.002	
杠杆指示表	百分表		量程不超过1 mm	0.01	与百分表基本相同，但特别适合用于测量百分表难以测量或不能测量的表面，如小孔、凹槽、孔距等尺寸，而且可以改变量杆的角度和测量方向
	千分表		量程不超过0.3 mm	0.002	

名称		结构	测量范围	精度	用途
内径指示表	百分表		6～10，10～18 18～35，35～50 50～100，100～160 160～250，250～450	0.01	用比较法测量孔径、槽宽或孔和槽的几何形状误差
	千分表		6～10 18～35 35～50 50～100 100～160 160～250 250～450	0.001	

2.4　其他量具

2.4.1　钢直尺

钢直尺是最简单的长度量具,用不锈钢薄板制成,尺面上刻有公制的刻线,最小单位为 1 mm,部分直尺最小单位为 0.5 mm。钢直尺的长度有 150 mm、300 mm、500 mm 和 1 000 mm 等 4 种规格,用于测量零件的长度、宽度、深度、划线、螺距等线性尺寸,但误差比较大,常用来测量一般精度的尺寸。钢直尺的测量方法如图 1－9 所示。

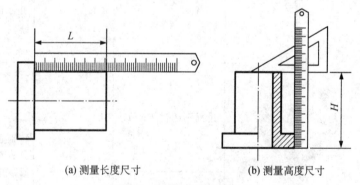

(a) 测量长度尺寸　　　　　　　　(b) 测量高度尺寸

图 1－9　用钢直尺测量尺寸

2.4.2　卡钳

卡钳是间接测量工具,必须与钢直尺或其他带有刻度的量具配合使用读出尺寸。卡钳有内卡钳和外卡钳两种,内卡钳用来测量内径,外卡钳用来测量外径,由于测量误差较大,常用来测量一般精度的直径尺寸。测量方法如图 1－10 所示。

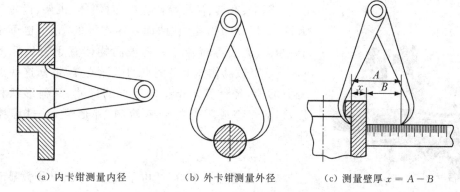

(a) 内卡钳测量内径　　　（b) 外卡钳测量外径　　　（c) 测量壁厚 $x = A - B$

图 1-10　用卡钳测量直径尺寸

2.4.3　直角尺

直角尺是具有至少一个直角和两个或更多直边的,用来画或检验直角的一种专用量具,简称角尺或靠尺,如图 1-11 所示。按材质,可分为铸铁直角尺、镁铝直角尺和花岗石直角尺。适用于机床、机械设备及零部件的垂直度检验、安装加工定位、划线等,是机械行业中的重要测量工具,特点是精度高、稳定性好、便于维修。

图 1-11　直角尺

2.4.4　螺距规

螺距规主要用于低精度螺纹工件的螺距和牙形角的检验。测量时,必须使螺距规的测量面与工件的螺纹完全、紧密接触。当测量面与工件的螺纹中间没有间隙时,螺距规上所表示的数字即为螺纹的螺距,如图 1-12 所示。

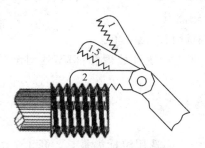

图 1-12　用螺距规测量螺纹

图 1-13　半径规

2.4.5　半径规

半径规是利用光隙法测量圆弧半径的工具,也叫 R 规。圆弧半径在 1~25 mm 的成组半径样板,有凸形样板和凹形样板各 16 个,用螺钉或铆钉钉在保护板两端,如图 1-13 所示。

2.4.6　三坐标测量机

三坐标测量机是测量和获得尺寸数据的最有效的方法之一。因为它可以代替多种表面测量工具及昂贵的组合量规,并把复杂的测量任务所需时间从小时减到分钟。

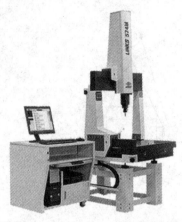

图 1-14　三坐标测量机

如图 1-14 所示,三坐标测量机主要用于机械、汽车、航空、军工、家具、模具等行业中,对箱体、机架、齿轮、凸轮、蜗轮、蜗杆、叶片、曲线、曲面等零部件的测量,也可用于电子、五金、塑胶等行业中。将被测物体置于三坐标测量空间,可获得被测物体上各测点的坐标位置,根据这些点的空间坐标值,经计算求出被测工件的尺寸、几何形状和位置公差,从而完成零件的精密检测、外形测量、过程控制等任务。

2.4.7　电子数显量具

电子数显量具有 3 种:电子数显卡尺、电子数显千分尺和电子数显指示表。与传统的机械式量具相比较,电子数显量具由于采用了先进的电子技术,具有如下优点:

(1)读数用液晶数字(LCD)显示　只要操作正确,就能获得清晰、准确的读数,消除了在使用传统量具时,要通过游标或刻线而极易产生的人为读数误差。同时,可以大大提高检测的效率,这在进行大批量尺寸检测时尤为明显。

(2)分辨率和测量精度高　普通游标卡尺的分辨率(读数值)为 0.02 及 0.05 mm,而电子数显卡尺的分辨率都是 0.01 mm。普通千分尺的分度值是 0.01 mm,而电子数显千分尺的分辨率都是 0.001 mm。普通千分表的分度值虽为 0.001 mm,但测量范围只有 1～3 mm,示值误差为 4～5 μm,而电子数显千分表的测量范围最小 10 mm,示值误差为 2 μm。这些电子数显量具特别适合于在现场精密加工时使用。

(3)功能多、使用方便　现有的电子数显量具多具有以下功能:

① 任意点置零功能。即在测量范围内的任意给定位置上,可以使读数置零,可以直接读出被测工件的正、负偏差值,不必经过换算进行比较测量。

② 公英制转换功能。只要按按键,即可转换数显读数的测量单位。

③ 数据输出功能。测量数据可以直接输出,以便进行统计处理和打印,这对全面质量管理特别有用。

(4)安装报警标志　有各种保证正常使用的报警标志。

2.5　如何选用测量器具

(1)根据公差值选用计量器具　低于 7 级精度的产品选用游标类量具。高于 7 级精度的产品选用微分类、表类等量具。

(2)根据产品的形状选用计量器具　有以下几类:

① 长度类的产品:可选用游标类、微分类量具。

② 盘类的产品:可选用游标类、微分类、表类量具。

③ 曲类的产品:可选用游标类、微分类、表类量具。

3.　测绘中的尺寸圆整

从零件的实测尺寸推断原设计尺寸的过程称为尺寸圆整,包括确定基本尺寸、尺寸公差、极限与配合等,常用尺寸圆整的方法有测绘圆整法、设计圆整法、类比圆整法。

3.1 测绘圆整法

测绘圆整法是根据实测数值与极限和配合的内在联系,确定基本尺寸、公差、极限与配合。由于这种方法是以实测值的分析为基础的,有着明显的测绘特点,因此称为测绘圆整法。测绘圆整法主要用来圆整配合尺寸,其方法如下:

(1) 精确测量　测量精度保证到小数点后 3 位,反复测量数次,求出算术平均值,并将此值作为被测零件在公差中值间的测量值。

(2) 确定配合基准制　根据零件的结构、工艺性、使用条件及经济性等综合考虑,定出基准制。一般情况下,优先选取基孔制。

若轴采用冷拔钢管型材,精度满足产品的技术要求,不需要加工或极少加工时,采用基轴制。与标准件配合时,应将标准件作为基准。例如,与滚动轴承配合的轴采用基孔制,与滚动轴承配合的孔采用基轴制,与键配合的键槽采用基轴制。

(3) 确定基本尺寸　无论哪种基准制,推荐按孔的实测值,根据表 1-4 来判断基本尺寸精度。确定孔、轴的基本尺寸的公式如下:

表 1-4　基本尺寸精度精度判断

单位:mm

基本尺寸	实测值中第一位小数值	基本尺寸精度
1~80	≥2	含小数
80~250	≥3	含小数
250~500	≥4	含小数

① 基孔制:孔(轴)基本尺寸<孔实测尺寸, $\qquad\qquad\qquad\qquad$ (1-1)

$\qquad$ 孔实测尺寸-基本尺寸≤孔的 IT11 公差值/2。 $\qquad\qquad$ (1-2)

② 基轴制:孔(轴)基本尺寸>轴实测尺寸, $\qquad\qquad\qquad\qquad$ (1-3)

$\qquad$ 基本尺寸-轴实测尺寸≤孔的 IT11 公差值/2。 $\qquad\qquad$ (1-4)

(4) 计算公差、确定公差等级　具体方法如下:

① 基准孔或轴的公差:

基准孔的公差　　$T_h = (L_{测} - L_{基}) \times 2$;

基准轴的公差　　$T_s = (L_{基} - L_{测}) \times 2$。

根据计算出的基准孔或轴的公差值,从标准公差数值表中,查出相近的标准值作为基准孔或轴的公差值,并确定公差等级。

② 确定相配件的公差等级。根据基准件公差等级,并按工艺等价性进行选择。

(5) 计算基本偏差、确定配合类型　具体方法如下:

① 计算孔、轴的实测尺寸之差,得出实测间隙量或过盈量。

② 求出相配合孔、轴的平均公差:平均公差=(孔公差+轴公差)/2。 $\qquad$ (1-5)

③ 当孔、轴实测为间隙时,可按表 1-5 确定配合类型;当孔、轴实测为过盈时,可按

表 1-6 确定配合类型。

表 1-5 孔、轴实测为间隙配合时的配合

实测间隙种类		间隙 $=\dfrac{T_h+T_s}{2}$	间隙 $<\dfrac{T_h+T_s}{2}$	间隙 $>\dfrac{T_h+T_s}{2}$	间隙 $=\dfrac{基准件公差}{2}$
轴 (基孔制)	配合代号	h	j、k	a、b～f、fg、g	js
	基本偏差	上偏差	下偏差	上偏差	$\pm\dfrac{轴公差}{2}$
	偏差性质	0	—	—	
孔、轴的基本偏差计算		不必计算	查公差表	基本偏差 $=$ 间隙 $-\dfrac{T_h+T_s}{2}$	查公差表
孔 (基轴制)	配合代号	H	J、K	A、B、C、CD、D、E、EF、F、FG、G	JS
	基本偏差	下偏差	上偏差	下偏差	$\pm\dfrac{孔公差}{2}$
	偏差性质	0	+	+	

表 1-6 孔、轴实测为过盈配合时的配合

轴 (基孔制)	适用范围	轴的公差等级为4、5、6、7级	轴的公差等级为01、0、1、2及8～16级
	配合代号	m、n、p、r、s、t、u、v、x、y、z、za、zb、zc	k
	基本偏差绝对值	$\lvert 过盈\rvert+\dfrac{T_h-T_s}{2}$ ①	当 $T_h<T_s$ 时,出现实测过盈 当 $T_h>T_s$ 时,出现实测间隙
	基本偏差	下偏差	下偏差
	偏差性质	+	0
孔 (基轴制)	适用范围	孔的公差等级8～16级	孔的公差等级≤7级,孔公差＞轴公差
	配合代号	K、M、N、P、R、S、T、U、V、X、Y、Z、ZA、ZB、ZC	K～ZC
	基本偏差绝对值	$\lvert 过盈\rvert-\dfrac{T_h-T_s}{2}$	$\lvert 间隙\rvert+\dfrac{IT_n-IT_{n-1}}{2}$ 或 $\lvert 过盈\rvert-\dfrac{IT_n-IT_{n-1}}{2}$ ②
	基本偏差	上偏差	上偏差
	偏差性质	—	—

注:① 计算结果如出现负值,说明孔公差小于轴公差,不合适应调整孔、轴公差等级。
　　② 式中 n 为公差等级。

(6) 确定相配件的极限偏差 计算公式如下：

① 基准孔：上偏差 $ES = +IT$，   下偏差 $EI = 0$。

② 基准轴：上偏差 $es = 0$，   下偏差 $ei = -IT$。

③ 非基准孔或轴：上偏差 $ES(es) = EI(ei) + IT$，

下偏差 $EI(ei) = ES(es) - IT$。

(7) 校核修正 按常用优先配合标准进行校核。

【例1】 某轴和孔配合，测得轴的尺寸为 $\phi54.986$ mm，孔的尺寸为 $\phi55.023$ mm，圆整计算如下：

第1步：确定配合基准制。根据结构分析，确定该配合为基孔制。

第2步：确定基本尺寸。根据表 1-4，$\phi55.023$ mm 在 $1\sim80$ mm 尺寸段内，小数点后第一位数值为 0，小于 2，故基本尺寸不含小数。根据(1-1)式和保留整数原则，基本尺寸最大值为 $\phi55$ mm。查公差数值表得 $\phi55$ 的 IT11 标准公差值为 0.190，代入(1-2)式得

$$55.023 - 55 = 0.023 < 0.095，$$

不等式成立，因此该孔的基本尺寸确定为 $\phi55$ mm。

第3步：计算公差、确定公差等级。

① 确定基准孔的公差为

$$T_h = (L_{测} - L_{基}) \times 2 = (55.023 - 55) \times 2 = 0.046(\text{mm})。$$

查标准公差数值表，求得的 $T_h = 0.046$ mm 与表中 IT8 的标准公差值一致，因此，确定孔的公差等级为 IT8，即基准孔为 $\phi55H8$。

② 确定配合轴的公差为

$$T_s = (L_{基} - L_{测}) \times 2 = (55 - 54.986) \times 2 = 0.028(\text{mm})。$$

查标准公差数值表，求得的 $T_s = 0.028$ mm 与表中 IT7 的标准公差值 0.030 mm 接近，因此，确定孔的公差等级为 IT7。

第4步：计算基本偏差、确定配合类型。

① 实际间隙 $= 55.023 - 54.986 = 0.037(\text{mm})$；

② 平均公差 $= (0.046 + 0.030)/2 = 0.038(\text{mm})$；

③ 孔、轴之间存在的间隙，查表 1-5 得

基本偏差 $=$ 实际间隙 $-$ 平均公差 $= 0.037 - 0.038 = -0.001(\text{mm})$。

该值为轴的上偏差，查轴的基本偏差数值表，与 -0.001 mm 最为接近的上偏差值为 0，因此，确定轴的基本偏差为 0，即配合类型为 h，即配合轴为 $\phi55h7$。

第5步：确定孔、轴的极限偏差。查表得孔为 $\phi55H8(^{+0.046}_{0})$，轴为 $\phi55h7(^{0}_{-0.030})$。

第6步：校核、修正。H8/h7 为优先配合，圆整的尺寸为 $\phi55H8/h7$ 合理，不必修正。

3.2 设计圆整法

设计圆整法是以零件的实际测得的尺寸为依据，参照同类产品或类似产品来确定被测

零件的基本尺寸和尺寸公差,其配合性质及配合种类是在测量的前提下,通过分析来给定。这一步骤与设计的程序类似,因此,称为设计圆整。

(1) 常规设计(即标准化设计)的尺寸圆整 在对常规设计的零件进行尺寸圆整时,一般应使其基本尺寸符合国家标准 GB/T 2822—2005 推荐的尺寸系列,公差符合国家标准 GB/T 1800.3—1998,极限偏差符合国家标准 GB/T 1800.4—1999,配合符合国家标准 GB/T 1801—1999,标准表格见附表。

【例2】 某轴和孔配合,测得轴的尺寸为 $\phi 39.977$ mm,孔的尺寸为 $\phi 40.022$ mm,圆整如下:

第1步:确定孔、轴的基本尺寸。查附表 6-1,从优先数系中查到孔和轴实测尺寸都靠近 40 mm,因此该配合的基本尺寸确定为 $\phi 40$ mm。

第2步:确定基准制。通过结构分析,确定该配合为基孔制配合。

第3步:确定极限。由 $39.977-40=-0.023$,查轴的基本偏差表,40 mm 在 30~40 尺寸段,该尺寸段内靠近 -0.023 mm 的基本偏差值 -0.025 mm,基本偏差代号为 f。

第4步:确定公差等级(在满足使用要求的前提下,尽量选择较低等级)。根据轴孔配合的作用、结构、工艺特点,并与同类零件比较,将轴的公差等级定为 IT7 级。根据工艺等价性质,将孔的公差等级定为 IT8 级。

综上选择,最后尺寸圆整,孔为 $\phi 40H8(^{+0.039}_{0})$,轴为 $\phi 40f7(^{-0.025}_{-0.050})$。

(2) 非常规设计(即非标准化设计)的尺寸圆整 基本尺寸和公差不一定都是标准化的尺寸,称为非常规设计尺寸。非常规设计尺寸圆整的原则:

① 功能尺寸、配合尺寸、定位尺寸允许保留一位小数,个别重要的和关键的尺寸可保留两位小数,其他尺寸圆整为整数。

② 尾数删除应采用四舍六入五单双法,即逢四以下则舍、逢六以上则进、逢五则以保证偶数的原则决定进舍。例如,18.72 应圆整为 18.7(逢四以下舍去),18.77 应圆整为 18.8(逢六以上进1位),18.75 和 18.85 应圆整为 18.8(逢五保证为偶数)。

重点提示

① 所有尺寸圆整后,尽量符合国家标准推荐的尺寸系列,尺寸尾数多为 0、2、5、8 及某些偶数。

② 删除尾数时,不得逐位删除,应只考虑删除位的数值取舍,如 55.456 保留一位小数圆整为 55.4,不应逐位圆整成 55.456→55.46→55.5。

对轴向尺寸中的功能尺寸圆整时,根据实测尺寸,制造和测量误差是由系统误差和偶然误差造成的,其概率分布应符合正态分布。即零件的实测尺寸视为公差带中部,对其基本尺寸应按国家标准尺寸系列圆整为整数,并保证公差在 IT9 级之内。公差值采用单向或双向,孔类尺寸取单向正公差,轴类尺寸取单向负公差,长度类尺寸采用双向公差。

【例3】 某轴向参与装配尺寸链计算,且属于轴类尺寸,实测值为 119.96 mm,圆整如下:

第1步:确定基本尺寸。查附表 6-1 确定基本尺寸为 120 mm。

第2步:确定公差值。查标准公差值表,基本尺寸在 120～180 mm 内、公差等级为 IT9 的标准公差值为 0.087 mm,取为 0.080 mm。

第3步:确定极限偏差。将实测值视为公差中值,按轴类尺寸确定,得到圆整尺寸和极限为 $120_{-0.080}^{0}$ mm。

第4步:校核。公差值取 0.080 mm,在该尺寸段 IT9 级公差之内,且接近该公差值;实测值为 119.96 mm,是 $120_{-0.080}^{0}$ mm 的公差中值,因此,圆整合理。

非功能尺寸是指一般公差的尺寸,包括功能以外的所有轴向尺寸和非配合尺寸。

对这类尺寸圆整时,主要是合理确定基本尺寸,保证尺寸的实测值在圆整后的尺寸公差范围内,圆整后的基本尺寸符合国家标准规定的优先系列数值。除个别外,一般保留整数。尺寸公差按 GB/T 1804—2008 标准规定的线性尺寸的极限偏差数值选择,见附表 6-2。

标准将这类尺寸的公差分为 f(精密级)、m(中等级)、c(粗糙级)、v(最粗级)4 个等级,根据零件精度要求从 4 种公差等级中选用一种。一般在图样中不必注在基本尺寸之后,只需在图样上、技术文件或标准中作出总的说明。例如,在零件图的标题栏上方或技术要求中注明:未注尺寸公差按 GB/T 1804 制造和验收。

3.3 类比圆整法

类比圆整法是根据生产实践中总结的经验资料,进行比较确定。

(1) 基准制的选择　选择方法如下:

① 优先选取基孔制。从零件的结构、工艺性和经济性等方面综合比较,基孔制优于基轴制。

② 以下情况选择基轴制:用冷拔圆钢、型材不需加工或极少加工就可以达到零件使用精度要求时,用基轴制更合理、更经济;与标准件配合,如与滚动轴承外圈外径配合的孔选用基轴制。机械结构或工艺上必须采用基轴制,如发动机中活塞销与孔的配合,采用基轴制;一轴与多孔配合时,采用基轴制;零件特大或特小时,采用基轴制。

③ 特殊情况下采用非基准制配合:当机器上出现一个非基准制孔(轴)与两个或两个以上的轴(孔)配合时,其中至少应有一个为非基准制配合,如轴承座孔与端盖的配合。

(2) 公差等级的选择　公差等级的选择参考从生产实践中总结出来的经验资料,进行比较确定。选择原则是:在满足使用要求的前提下,公差等级越低越好。选择时,可参照以下几个方面综合考虑:

① 根据零件的作用、配合表面结构和零件所配设备的精度来选择,使公差等级与它们相匹配。

② 根据各公差等级的应用范围(见附表 5.2-1)和各种加工方法所能达到的公差等级(见附表 5.2-2)来选择。公差等级的应用条件及举例见附表 5.2-3。

③ 考虑轴和孔的工艺等价性。根据我国生产实际并参照国标公差标准,国家标准规

定,基本尺寸≤500 mm 的配合,当轴的标准公差等级≤IT7 时,推荐选择孔的公差等级比轴的公差等级低一级;标准公差等级≥IT8 时,推荐孔和轴选择相同的公差等级。

④ 根据相关件和配合件的精度选择。例如,与滚动轴承配合的轴颈和轴承座孔的公差等级,根据滚动轴承的精度来选取;齿轮孔与轴配合的公差等级,根据齿轮的精度来选取。

⑤ 根据配合成本选择。在满足使用要求的前提下,为降低成本,相配合的轴、孔公差等级应尽可能选择低等级。

(3) 配合的选择 基准制和公差等级确定之后,基准件的基本偏差和公差等级就已确定,配合件的公差等级也相应地确定了。因此,配合的选择就是对配合件的基本偏差的确定。

正确地选择配合,能够保证机器高质量运转、延长使用寿命,并使制造经济合理。选择配合时,参照表 1-7 综合考虑。之后,可参照表 1-8 和表 1-9 选择配合件的基本偏差及配合类型。

表 1-7　选择配合的影响因素

配合件影响因素		配合的选择
相对运动	有相对运动	间隙配合
	运动速度较大	较大的间隙配合
受力大小	受力较大	较小的间隙配合
		较大的过盈配合
定心精度	不高	可用基本偏差为 g 或 h 的间隙配合,不宜过盈配合
	较高	过渡配合
拆装频率	频繁拆装	较大间隙配合
		较小过盈配合
工作温度	与装配时温差较大	考虑装配时的间隙在工作时的变化量
生产情况	单件小批生产	较大间隙配合
		较小过盈配合

表 1-8　各种基本偏差的特点及应用举例

配合	基本偏差	配合特性及应用
间隙配合	a(A), b(B)	可得到特别大的间隙,应用很少
	c(C)	可得到很大的间隙,一般适用于缓慢、松弛的动配合。用于工作条件较差,受力变形大,或为了便于装配,而必须保证有较大的间隙时,推荐配合为 H11/c11;其较高等级的配合,如 H8/c7 适用于轴在高温工作的紧密配合,如内燃机排气阀和套管
	d(D)	配合一般用于 IT7~IT11 级,适用于松的转动配合,如密封盖,滑轮,空转带轮等与轴的配合;也适用于大直径滑动轴承配合,如汽轮机、球磨机轧滚成形和重型弯曲机及其他重型机械中的一些滑动支撑

配合	基本偏差	配合特性及应用
	e(E)	多用于 IT7～IT9 级，通常适用要求有明显间隙，易于转动的支撑配合，如大跨距支撑、多支点支撑等配合。高等级的 e 轴适用于大的、高速、重载支撑，如涡轮发电机和大电动机的支承及内燃机主要轴承、凸轮轴支承、摇臂支承等配合
	f(F)	多用于 IT6～IT8 级的一般转动配合。当温度影响不大时，被广泛用于普通润滑油润滑支承，如齿轮箱、小电动机等转轴与滑动支承的配合
间隙配合	g(G)	配合间隙很小，制造成本高，除很轻负荷精密装置外不推荐用转动配合。多用于 IT5～IT7 级，最适合不回转的精密滑动配合；也用于销定位配合，如精密连杆轴承、活塞及滑阀、连杆销等
	h(H)	多用 IT4～IT11 级。广泛用于无相对转动的零件，作为一般的定位配合。若没有温度、变形影响，也用于精密滑动配合
	js(JS)	为完全对称偏差（±IT/2），平均起来为稍有间隙的配合，多用于 IT4～IT7 级，要求间隙比 h 轴小，并允许略有过盈的定位配合，如联轴器，可用手或木锤装配
过渡配合	k(K)	平均起来没有间隙的配合，适用于 IT4～IT7 级，推荐用于稍有过盈的定位配合。例如，为了消除振动用的定位配合，一般用木锤装配
	m(M)	平均起来具有不大过盈的过渡配合。适用于 IT4～IT7 级，一般可用木锤装配，但在最大过盈时，要求相当的压入力
	n(N)	平均过盈比 m 轴稍大，很少得到间隙，适用于 IT4～IT77 级，用锤或压力机装配，通常推荐用于紧密的组件配合，H6/n5 配合时为过盈配合
	p(P)	与 H6 或 H7 配合时，是过盈配合；与 H8 孔配合时，则为过渡配合。对非铁类零件为较轻的压入配合，当需要时易于拆卸。对钢、铸铁或铜、钢组件装配是标准压入配合
	r(R)	对铁类零件为中等打入配合，对非铁类零件为轻打入的配合，当需要时可以拆卸。与 H8 孔配合，直径在 100 mm 以上时，为过盈配合；直径小时，为过渡配合
过盈配合	s(S)	用于钢和铁制零件的永久性和半永久装配，可产生相当大的结合力。当用弹性材料，如轻合金时，配合性质与铁类零件的 p 轴相当。例如，套环压装在轴上、阀座等配合。当尺寸较大时，为了避免损伤配合表面，需用热膨胀或冷缩法装配
	t(T)，u(U)	
	v(V)，x(X)	过盈量依次增大，一般不用
	y(Y)，z(Z)	

表 1-9 优先配合选用说明

优先配合		说　　明
基孔制	基轴制	
$\dfrac{H11}{c11}$	$\dfrac{C11}{h11}$	间隙非常大,用于很松的、转动很慢的动配合,要求大公差与大间隙的外露组件,要求装配方便的、很松的配合
$\dfrac{H9}{d9}$	$\dfrac{D9}{h9}$	间隙很大的自由转动配合,用于精度为非主要要求时,或有大的温度变动、高转速或大的轴颈压力时
$\dfrac{H8}{f7}$	$\dfrac{F8}{h7}$	间隙不大的转动配合,用于中等转速与中等轴颈压力的精确转动,也用于装配较易的中等定位配合
$\dfrac{H7}{g6}$	$\dfrac{G7}{h6}$	间隙很小的滑动配合,用于不希望自由转动,但可自由转动和滑动并精密定位时,也可用于要求明确的定位配合
$\dfrac{H7}{h6},\dfrac{H8}{h7}$ $\dfrac{H9}{h9},\dfrac{H11}{h11}$	$\dfrac{H7}{h6},\dfrac{H8}{h7}$ $\dfrac{H9}{h9},\dfrac{H11}{h11}$	均为间隙配合,零件可自由装拆,而工作时一般相对静止不动。在最大实体条件下的间隙为零,在最小实体条件下的间隙由公差等级决定
$\dfrac{H7}{k6}$	$\dfrac{K7}{h6}$	过渡配合,用于精密定位
$\dfrac{H7}{n6}$	$\dfrac{N7}{h6}$	过渡配合,允许有较大过盈的更精密定位
$\dfrac{H7}{p6}$	$\dfrac{P7}{h6}$	过盈定位配合,即小过盈配合,用于定位精度特别重要时,能以最好的定位精度达到部件的刚性及对中的性能要求,而对内孔承受压力无特殊要求,不依靠配合的紧固性传递摩擦负荷
$\dfrac{H7}{s6}$	$\dfrac{S7}{h6}$	中等压入配合,适用于一般钢件,或用于薄壁件的冷缩配合,用于铸铁件可得到最紧的配合
$\dfrac{H7}{u6}$	$\dfrac{U7}{h6}$	压入配合,适用于可以承受高压力的零件或不宜承受大压力的冷缩配合

4. 零件测绘步骤

零件测绘的具体步骤包括:

第 1 步:了解和分析测绘零件,确定表达方案。

第 2 步:绘制零件草图。

第 3 步:绘制零件工作图。

任务 1.1 轴 的 测 绘

 **工作任务**

完成轴的测绘,具体要求见表 1-1-1 所示的工作任务单。

表 1-1-1 工作任务单

任务介绍	在教师的指导下,完成机泵轴的测绘任务		
任务要求	图 1-1-1 轴 ① 徒手绘制轴零件草图 ② 测量尺寸 ③ 正确标注尺寸 ④ 确定并标注技术要求 ⑤ 绘制轴零件工作图		
测绘工具、设备	钢直尺、内外卡钳、游标卡尺、外径千分尺、螺距规每组一套 图板、丁字尺每人一套		
任务实施	学习情境	实施过程	结果形式
	了解和分析轴 确定表达方案	教师讲解 学生查阅资料	拟定零件表达方案
	绘制 零件 草图 · 徒手绘制视图 尺寸测量及尺寸 公差的确定 技术要求的确定 填写标题栏	教师讲解、示范、辅导、 答疑 学生查阅资料、徒手绘制 草图、测量、查表、标注 尺寸	绘制零件草图 A3(或 A4)图纸
	绘制零件工作图	教师讲解、示范、辅导、答疑 学生绘图	完成零件工作图 A3(或 A4)图纸
学习重点	徒手绘制零件草图,测量并标注尺寸,绘制零件工作图		
学习难点	徒手快速绘制零件图,尺寸标注正确、完整、清晰、合理 尺寸公差、形位公差、表面粗糙度值的确定		
任务总结	学生提出实训过程中存在的问题,解决并总结 教师根据实训过程中学生存在的共性问题,讲评并解决		
任务考核	见任务考核评价单		

知识链接

1.1.1 轴套类零件的功能及结构特点

轴类零件主要用来支承传动零部件、承受载荷、传递动力和运动。其结构特点为轴向尺寸大于径向尺寸的同轴回转体,常见工艺结构有倒角、圆角、退刀槽、越程槽、键槽、螺纹、中心孔、径向孔等。

套类零件主要起支承、导向作用。套类零件的外圆表面与机架或箱体孔相配合起支承作用,内孔主要起导向作用或支承作用,常与运动轴、主轴、活塞、滑阀相配合。有些套的端面或凸缘端面有定位或支承载荷的作用。其结构特点为径向尺寸大于轴向尺寸的同轴回转体,主要由内外圆表面组成,壁厚较小,常见工艺结构有倒角、退刀槽、越程槽、螺纹、径向孔等。

1.1.2 轴套类零件的视图表达

轴套类零件主视图的选择首先考虑形状特征原则,其次考虑加工位置原则。由于轴套类零件主要加工工序是车削和磨削,其加工时在车床或磨床上以轴线定位,因此该类零件以轴线水平放置为主视图的投射方向,一般将孔、槽朝前或朝上放置。

轴类零件一般是实心或局部有孔、槽等结构,因此主视图大多采用视图或局部剖视图,孔、槽等结构采用移出断面图或局部放大图表达。套类零件一般是空心的,因此主视图大多采用全剖视图或半剖视图表达,周向结构较复杂可增加反映圆的视图。

1.1.3 轴套类零件的尺寸标注

轴套类零件以轴线作为径向尺寸基准,根据轴在机器中的作用,选择重要的安装端面(轴肩)作为轴向的主要基准,轴的两端测量基准作为辅助基准。主要尺寸必须直接标注出来,其余尺寸按加工顺序标注。

对于倒角、倒圆、退刀槽、砂轮越程槽、键槽、中心孔等标准化的结构,应按标准化尺寸标注。

尺寸标注应布置清晰,方便读图。在剖视图中,内外结构的尺寸分开标注,将车、铣、钻等不同工序的尺寸分开标注。

1.1.4 轴套类零件的技术要求

1.1.4.1 轴类零件

轴用轴承支承,与轴承配合的轴段称为轴颈。轴颈是轴的装配基准,它们的精度和表面质量一般要求较高,其技术要求一般根据轴的主要功用和工作条件制定,通常有以下几项:

(1) 尺寸公差的确定 起支承作用的轴颈为了确定轴的位置,通常对其尺寸精度要求较高(IT5～IT7)。装配传动件的轴颈尺寸精度一般要求较低(IT6～IT9)。对于阶梯轴的各台阶的长度按使用要求给定公差,或按装配尺寸链要求分配公差。

(2) 形位公差的确定 轴类零件的几何形状精度主要是指轴颈、外锥面、莫氏锥孔等的圆度、圆柱度等,一般应将其公差限制在尺寸公差范围内。对精度要求较高的内外圆表面,应在图纸上标注其允许偏差。

轴类零件的位置精度要求主要是由轴在机器中的位置和功用决定的。通常应保证装配传动件的轴颈对支承轴颈的同轴度要求,否则会影响传动件(齿轮等)的传动精度,并产生噪声。通常选择测量方便的径向圆跳动来表示,普通精度的轴对支承轴颈的径向跳动一般为 0.01~0.03 mm,高精度轴为 0.001~0.005 mm。

(3) 表面粗糙度值的确定　在国家标准 GB/T 3505—2009 中,规定了评定零件表面结构的 3 组轮廓参数:R 轮廓(粗糙度轮廓)参数、W 轮廓(波纹度轮廓)参数、P 轮廓(原始轮廓)参数。表面结构的参数值要根据零件表面功能分别选用,粗糙度轮廓参数是评定零件表面质量的一项重要指标,它对零件的配合性质、强度、耐磨性、抗腐蚀性、密封性等影响很大。因此,此处主要介绍生产中常用的评定粗糙度轮廓的一个主要参数:轮廓的算术平均偏差 Ra 值的确定。

确定表面粗糙度值的常用方法有比较法、测量仪测量法和类比法。比较法和测量仪测量法适用于确定没有磨损或磨损极小的零件表面粗糙度;对于磨损严重的零件表面,只能采用类比法确定表面粗糙度值。

类比法的一般选用原则:

① 同一零件上,工作表面的粗糙度值应比非工作表面小。

② 配合性质要求越稳定,其配合表面的粗糙度值应越小;配合性质相同时,零件尺寸越小,粗糙度值也越小;同一精度等级,小尺寸比大尺寸、轴比孔的粗糙度值要小。

③ 运动速度高、压强大的表面,以及受交变应力作用的重要零件的表面粗糙度值要小。

④ 摩擦表面比非摩擦表面的粗糙度值要小,滚动摩擦表面比滑动摩擦表面的粗糙度值要小。

⑤ 防腐性、密封性要求高的表面粗糙度值要小。

⑥ 凡有关标准已对表面粗糙度值作出规定的(如轴承、齿轮、量具等),应按标准规定选取表面粗糙度值。

⑦ 表面粗糙度值应与尺寸公差及形位公差协调(可参照附表 5.3 - 6 确定)。

在确定表面粗糙度值时,应仔细观察被测表面的粗糙度情况,查阅相关资料,认真分析被测表面的作用、运动状态、加工方法等,参照附表 5.1 - 1 和附表 5.1 - 2 初步选定粗糙度值,然后再对比工作条件作适当调整。

(4) 材料及热处理　一般轴类零件常用 34、45、50 优质碳素结构钢,经正火、调质及部分表面淬火等热处理,得到所要求的强度、韧性和硬度。45 钢应用最为广泛,一般经调质处理硬度达到 230~260 HBS。

对中等精度而转速较高的轴类零件,一般选用合金钢(如 40Cr 等),经过调质和表面淬火处理,使其具有较高的综合力学性能,硬度达到 230~240 HBS 或淬硬到 35~42 HRC。

对在高转速、重载荷等条件下工作的轴类零件,可选用 20Cr、20CrMnTi、20Mn2B 等低碳合金钢,经渗碳淬火处理后,具有很高的表面硬度,心部则获得较高的强度,具有较高的耐磨性、抗冲击韧性和耐疲劳强度的性能。

对高精度和高转速的轴，可选用 38CrMoAlA 高级优质合金钢，其热处理变形较小，经调质和表面渗氮处理，达到很高的心部强度和表面硬度，从而获得优良的耐磨性和耐疲劳性。

1.1.4.2　套类零件

（1）尺寸精度　套类零件内孔直径尺寸公差一般为 IT7 级，精密轴套孔为 IT6 级。外圆表面通常是套类零件的支承表面，常用过盈配合或过渡配合与箱体机架上的孔联结，外径尺寸公差一般为 IT6～IT7 级。

（2）几何形状精度　内孔几何形状公差（圆度）一般为尺寸公差的 1/2～1/3。较长的套类零件除有圆度要求的同时，还需要注出孔的轴线的直线度公差。外圆形状公差被控制在外径尺寸公差范围内（按包容要求在尺寸公差后注 Ⓔ）。

（3）位置精度　如果孔的加工是在装配前完成，则内孔与外圆一般具有较高的同轴度要求，一般为 $\phi 0.01～0.05$ mm。若孔的最终加工是将套筒装入机座后进行，则内外圆同轴度要求较低。

（4）表面粗糙度值　内孔的表面结构轮廓的算术平均偏差 Ra 为 1.6～0.08 μm，要求高的精密套筒可达 0.04 μm，外圆的表面结构轮廓的算术平均偏差 Ra 为 6.3～3.2 μm。

（5）材料及热处理　套类零件的材料，一般用钢、铸铁、青铜或黄铜制成。孔径较大的套筒，一般选用带孔的铸件、锻件或无缝钢管。孔径较小时，可选用冷轧或冷拉棒料或实心铸件。在大批量生产情况下，为节省材料、提高生产率，也可用挤压、粉末冶金、工艺制造精度较高的材料。有些强度要求较高的套（如镗床主轴套、伺服阀的阀套等），则选用优质合金钢。

 任务实施

1.1.5　了解和分析被测轴，确定表达方案

（1）结构分析　如图 1-1-2 所示，该轴为机泵轴，主要起支承和传递扭矩的作用。轴的工作部分为了与叶轮和联轴器联结，因此有键槽；用一对轴承支承的两段轴加工质量高，有砂轮越程槽；为了加工完整的螺纹，有螺纹退刀槽；轴端面有倒角，两端有中心孔。

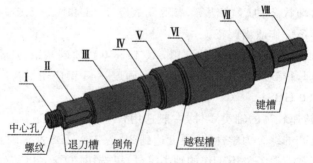

图 1-1-2　轴的结构分析

（2）确定表达方案　具体如下：

① 主视图的选择：按加工位置原则将轴线水平放置，键槽朝前。

② 其他视图的选择：分别用移出断面图表达两个键槽的结构。

1.1.6　绘制零件草图

1.1.6.1　徒手绘制视图

徒手画图也称草图，零件草图是指在现场条件下，不需借助尺规等专用绘图工具，以目测实物的大致比例，按一定的画法要求徒手绘制的图样。在现场测绘、讨论设计方案、技术交流、现场参观时，通常需要绘制草图。所以，徒手绘图是和使用尺规绘图同样重要的绘图技能。

（1）绘制零件草图要求　图不潦草、图形正确、表达清晰、图面整洁、字体工整、技术要求符合规范。

零件草图的内容与零件工作图相同，具有一组视图、完整的尺寸、技术要求、标题栏。

（2）徒手绘制草图的基本要求和要领　包括：

① 所画图线线型分明，符合国家标准，自成比例，字体工整，图样内容完整，且正确无误。

② 图形尺寸和各部分之间的比例关系要大致准确。

③ 绘图速度要快。

（3）徒手绘制草图的步骤　操作如下：

第 1 步：选择图纸幅面，确定绘图比例，优先选用 1∶1。

第 2 步：绘制图框线和标题栏。

第 3 步：绘制基准线布置视图。

第 4 步：绘制主视图。

第 5 步：绘制移出断面图。

第 6 步：选择尺寸基准，绘制尺寸界线、尺寸线、箭头。

第 7 步：检查、调整，如图 1-1-3 所示。

1.1.6.2　尺寸测量及尺寸公差的确定

（1）轴向尺寸　第Ⅵ段轴的右轴肩作为轴向尺寸的主要基准，轴的左右两端面作为辅助基准。

用钢直尺或游标卡尺由主要基准测量轴向尺寸，进行圆整：62、280、144、45、30、25、16、32、27 等。

（2）径向尺寸　轴线作为径向尺寸基准，用游标卡尺或千分尺逐段测量直径尺寸，并记录，见表 1-1-2。对于无配合的尺寸允许将测量值按标准进行圆整，如 $\phi45$；对于有配合关系的尺寸，一般只测出它的基本尺寸，其配合性质及相应的公差值经过分析、计算后，查阅相关标准确定。

（3）螺纹尺寸　第Ⅰ段轴具有外螺纹结构，测量步骤如下：

第 1 步：用游标卡尺测量螺纹的大经为 $\phi16.04$ mm。

第 2 步：用螺距规测量螺距为 2 mm，查附表 1-1，确定该螺纹为粗牙普通螺纹，公称直径为 16 mm。

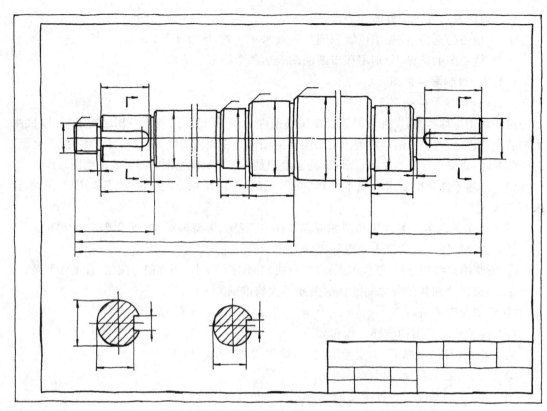

图 1-1-3　轴的零件草图

表 1-1-2　轴直径尺寸测量与圆整
单位:mm

轴段	测量值 1	测量值 2	测量值 3	平均值	配合性质		圆整尺寸
					种类	制度	
Ⅱ	$\phi25.025$	$\phi25.024$	$\phi25.021$	$\phi25.023$	过盈	基孔制	$\phi25\ m7(^{+0.029}_{+0.008})$
Ⅲ	$\phi30.050$	$\phi30.055$	$\phi30.055$	$\phi30.053$	间隙	基孔制	$\phi30\ h8(^{0}_{-0.033})$
Ⅳ	$\phi32.055$	$\phi32.051$	$\phi32.057$	$\phi32.054$	/	/	$\phi32$
Ⅴ	$\phi40.010$	$\phi40.012$	$\phi40.011$	$\phi40.011$	过盈	基孔制	$\phi40\ m6(^{+0.025}_{+0.009})$
Ⅵ	$\phi44.975$	$\phi44.956$	$\phi44.966$	$\phi44.966$	/	/	$\phi45$
Ⅶ	$\phi35.008$	$\phi35.005$	$\phi35.001$	$\phi35.004$	过盈	基孔制	$\phi35\ k6(^{+0.018}_{+0.002})$
Ⅷ	$\phi22.020$	$\phi22.021$	$\phi22.019$	$\phi22.020$	过盈	基孔制	$\phi22\ m7(^{+0.029}_{+0.008})$

第 3 步:查附表 6-4,确定倒角为 C2。

第 4 步:通过目测,观察该螺纹为单线、右旋螺纹。

(4) 键槽尺寸　该轴有两个键槽结构,以第Ⅱ段轴为例,键槽尺寸测量如下:

第1步:用游标卡尺测量轴径,确定基本尺寸为 $\phi25$ mm。

第2步:用游标卡尺测量键槽长度尺寸及定位尺寸为27。

第3步:用游标卡尺测量键槽宽度为 8.08 mm,深度为 20.98 mm。

第4步:根据轴的直径尺寸,查附表3-1,取标准尺寸及公差,如图1-1-4(a)所示。

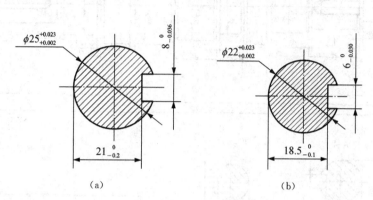

图 1-1-4　键槽尺寸标注

第Ⅷ段轴的键槽尺寸测量方法相同,结果如图1-1-4(b)所示。

(5) 退刀槽和越程槽尺寸　退刀槽尺寸根据螺纹公称直径 M16 和螺距查附表6-4,标准槽宽为 3.4～6 mm,深度为 $d-3$,即 $16-3=13$(mm)。

越程槽尺寸根据各段轴直径查附表6-5,确定各越程槽尺寸见表1-1-3。

表 1-1-3　越程槽和倒角尺寸　　　　　　　　　　　　单位:mm

序号	1	2	3	4	5	6	7
轴径	$\phi25$	$\phi30$	$\phi32$	$\phi40$	$\phi45$	$\phi35$	$\phi22$
槽宽 b_1	2.0	2.0	2.0	2.0	—	2.0	2.0
槽深 h	0.3	0.3	0.3	0.3	—	0.3	0.3
倒角 C	1.0	1.0	1.6	1.6	1.6	1.0	1.0

(6) 倒角尺寸　各段轴倒角尺寸根据其轴径查附表6-3,确定各倒角尺寸见表1-1-3所示。

(7) 中心孔尺寸　观察轴两端中心孔结构,参照附表6-6确定为 A 型中心孔,测量中心孔直径为 3.96 mm,取标准值为 $D=4$ mm,D_1 为 8.5 mm,零件完工后中心孔需保留,标记为 GB/T 4459.5—A4/8.5。

完成尺寸测量,标注如图1-1-5所示。

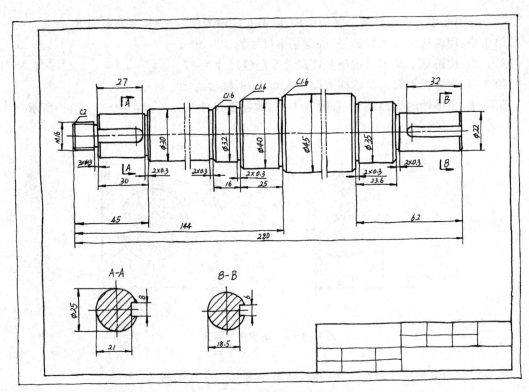

图 1 - 1 - 5　轴的零件草图—尺寸标注

1.1.6.3　表面粗糙度值和形位公差确定

应用类比法,参照附表 5.1 - 1 和附表 5.1 - 2,确定各段轴的表面粗糙度值;参照附录 5.3,确定形位公差项目及公差值,见表 1 - 1 - 4。

表 1 - 1 - 4　轴各段表面结构、形位公差

项目　　　轴段	Ⅰ	Ⅱ	Ⅲ	Ⅳ	Ⅴ	Ⅵ	Ⅶ	Ⅷ	Ⅱ、Ⅷ段轴键槽 底面	两侧面
表面粗糙度值/μm	1.6	0.8	1.6	12.5	0.8	12.5	0.8	0.8	6.3	3.2
形位公差/mm	/	圆跳动 0.03	圆跳动 0.03	圆跳动 0.03	圆度 0.012	垂直度 0.03	同轴度 0.03 圆度 0.012	圆跳动 0.03	/	对称度 0.03
材料	45,调质处理									

完成技术要求标注如图 1 - 1 - 6 所示。

1.1.6.4　填写标题栏

正确填写标题栏内零件名称、材料、数量、图号等内容,完成零件草图如 1 - 1 - 6 所示。

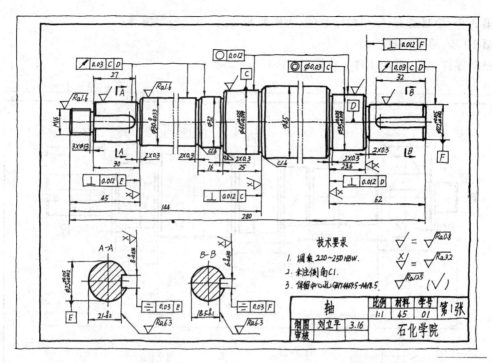

图 1-1-6　轴的零件草图—技术要求的标注

1.1.6.5　校对

由于零件草图是在现场测绘的,有些表达可能不是很完善,因此,在画零件图之前,应仔细检查零件草图表达是否完整、清晰和简便;尺寸标注是否齐全、清晰和合理;技术条件是否既满足零件的性能要求,又比较经济,各项技术要求之间是否协调;图中各项内容是否符合标准,必要时进行调整。

对上述内容审核时,发现问题应在绘制零件工作图前予以修改、订正。一般除视图表达在草图上可以不作修正外,其余有关尺寸、技术要求等项内容,在画零件工作图前必须在草图上作相应的修正,以便日后查对。

1.1.7　绘制零件工作图

对零件草图进行审核,对表达方案进行适当调整。绘制零件工作图的方法和步骤:

第1步:选择标准图幅,确定绘图比例,优先选用1:1。

第2步:绘制图框线和标题栏。

第3步:绘制基准线布置视图。

第4步:绘制视图。

第5步:绘制尺寸界线、尺寸线。

第6步:绘制技术要求符号(表面粗糙度结构、形位公差)。

第7步:检查,调整。

第8步:加深。

第9步：绘制箭头、标注尺寸数值、表面粗糙度值、形位公差值等。

第10步：填写标题栏。

根据零件草图，整理零件工作图，如图1-1-7所示。

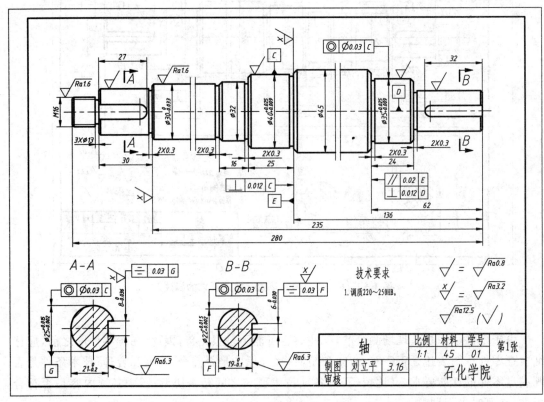

图 1-1-7　轴的零件工作图

 模仿练习

模仿机泵轴的测绘方法，完成一级齿轮减速器中输出轴的测绘，如图1-1-7所示。

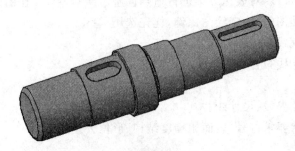

图 1-1-8　一级齿轮减速器中输出轴

考核评价

评价项目	评价内容	分值	得分
	轴的测绘考核评价单		
零件草图	方案合理	60	
	结构表达完整,无重复、遗漏表达结构		
	视图表达正确、完整		
	线型、线宽使用正确		
	布图合理、图面干净整洁		
	尺寸基准选择正确		
	尺寸标注正确、完整、清晰、合理		
	尺寸公差标注正确		
	形位公差标注正确		
	表面结构标注正确		
	标题栏格式、内容正确		
零件工作图	视图表达方案正确、合理,符合投影关系	30	
	尺寸标注正确、完整、清晰、合理		
	技术要求标注正确、合理		
	标题栏注写正确		
	线型、线宽绘制正确		
	图面布置合理、干净整洁		
小组互评	达到任务目标要求、与人沟通、团队协作	5	
考勤	是否缺勤	5	
综合评价		100	

任务 1.2　直齿圆柱齿轮的测绘

工作任务

完成直齿圆柱齿轮的测绘,具体要求见表 1 - 2 - 1 所示的工作任务单。

表 1-2-1　工作任务单

任务介绍	在教师的指导下,完成一级减速器齿轮的测绘任务		
任务要求	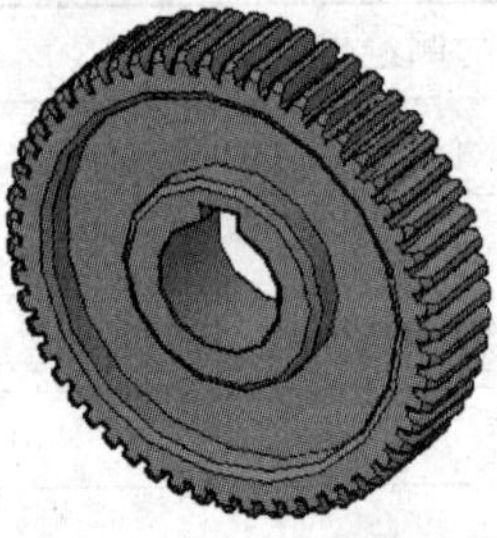 图 1-2-1　直齿圆柱齿轮	① 徒手绘制齿轮零件草图 ② 测量尺寸 ③ 确定齿轮参数 ④ 正确标注尺寸 ⑤ 确定并标注技术要求 ⑥ 绘制齿轮零件工作图	
测绘工具、设备	钢直尺、内外卡钳、游标卡尺、外径千分尺、公法线千分尺每组一套 图板、丁字尺每人一套		
任务实施		学习情境	实施过程	结果形式

任务实施		学习情境	实施过程	结果形式
		了解和分析齿轮 确定表达方案	教师讲解 学生查阅资料	拟定零件表达方案
	绘制 零件 草图	徒手绘制图框、标题栏、参数表、视图	教师讲解、示范、辅导、答疑 学生查阅资料、徒手绘制草图	绘制零件草图 A3 图纸
		测量、计算、标注尺寸	教师讲解、示范 学生测量、计算、标注	测量计算结果: z、d_a、d、d_f;确定模数 m、压力角 α
		确定精度等级	教师讲解 学生计算、查阅标准	确定精度等级
		确定表面结构值	教师讲解 学生查阅标准	确定 Ra 值
		确定材料及热处理	教师讲解 学生查阅资料	确定材料及热处理
		填写标题栏、参数表	学生填写表格	完成零件草图 A3 图纸
	绘制零件工作图		教师讲解、示范、辅导、答疑 学生绘图	完成零件工作图 A3 图纸

学习重点	测量尺寸,测算参数,绘制零件图
学习难点	测量尺寸,齿轮参数的确定,技术要求的确定
任务总结	学生提出实训过程中存在的问题,解决并总结 教师根据实训过程中学生存在的共性问题,讲评并解决
任务考核	见任务考核评价单

1.2.1 测量尺寸

1.2.1.1 测量齿顶圆直径 d_a 和齿根圆直径 d_f

（1）偶数齿轮的测量　对于偶数齿轮，用游标卡尺或千分尺直接测量 d_a 和 d_f，如图 $1-2-2$ 所示。在不同位置测量 $3\sim4$ 次，取平均值。

（2）奇数齿轮的测量　用以下两种方法：

① 间接测量法。有孔的奇数齿轮，可以采用间接测量方法测量出 d_a 和 d_f。如图 $1-2-3$(a)所示，间接测量出轴孔直径、内孔壁到齿顶或齿根的距离，通过计算得到 d_a 和 d_f。

② 校正系数法。如图 $1-2-3$(b)所示，测量齿顶到另一侧齿端部的距离 d_a'，然后按下式进行校正，即

$$d_a = kd_a',$$

式中 k 为校正系数，见表 $1-2-2$。

图 $1-2-2$　偶数齿轮齿顶圆直径、齿根圆直径的测量方法

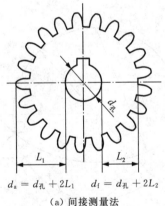

$$d_a = d_孔 + 2L_1 \qquad d_f = d_孔 + 2L_2$$

（a）间接测量法

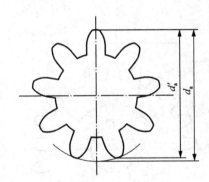

（b）矫正系数法

图 $1-2-3$　奇数齿轮齿顶圆直径的测量方法

表 $1-2-2$　奇数齿轮齿顶圆直径校正系数 k

齿数 z	校正系数 k	齿数 z	校正系数 k	齿数 z	校正系数 k
7	1.02	15	1.005 5	23	1.002 3
9	1.015 4	17	1.004 3	25	1.002 0
11	1.010 3	19	1.003 4	27	1.001 7
13	1.007 3	21	1.002 8	29	1.001 5

齿数 z	校正系数 k	齿数 z	校正系数 k	齿数 z	校正系数 k
31	1.001 3	37	1.000 9	45	1.000 6
33	1.001 1	39	1.000 8	47～51	1.000 5
35	1.001	41，43	1.000 7	53～57	1.000 4

1.2.1.2　测算齿数 z

对于完整的齿轮，直接数出齿数 z。对于不完整的齿轮，可以采用图解法或计算法测算出齿数。

(1) 图解法　如图 1-2-4 所示，操作步骤如下：

第 1 步：圆心为 O，以齿顶圆直径 d_a 画圆。

第 2 步：任取完整的 n 个轮齿（图中取 7 个轮齿），量取其弦长 L，如图 1-2-4(a) 所示。

第 3 步：以 A 点为圆心，L 为半径截取得到 B、C 点；以 B 点为圆心，L 为半径截取 D 点，如图 1-2-4(b) 所示。

第 4 步：以相邻两轮齿的弦长 l 为半径，在 DC 弧上截取得到 1、2、3 点；3 点与 C 点基本重合，如图 1-2-4(b) 所示。

图 1-2-4 中的齿数为 $z = 3 \times 6 + 3 = 21$。

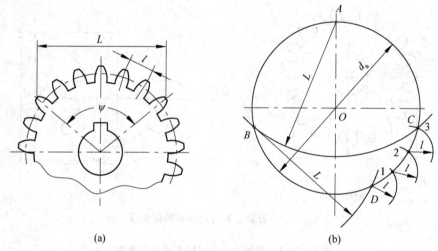

(a)　　　　　　　　　　　　　(b)

图 1-2-4　不完整齿轮齿数的测算

(2) 计算法　操作如下：

第 1 步：量出跨 k 个齿的弦长 L。

第 2 步：计算 k 个轮齿所含圆心角，$\varphi = 2\arcsin\dfrac{L}{d_a}$。

第 3 步：计算齿数 $z = 360° \dfrac{k}{\varphi}$。

1.2.1.3　测量公法线长度 W_k、W_{k+1} 或 W_{k-1}

用游标卡尺或公法线千分尺测量公法线长度,如图 1 - 2 - 5 所示。首先要合理选择跨测齿数 k,若选择跨测齿数过大,则测齿卡尺的量爪与齿廓的切点会偏向齿顶,甚至无法相切;若选择跨测齿数过小,则测齿卡尺的量爪与齿廓的切点会偏向齿根。合理的跨测齿数应使卡尺量爪与齿廓的切点位于分度圆上或分度圆附近,以提高尺寸精度。应在相同的 k 个齿内完成 W_k、W_{k+1} 或 W_{k-1} 的测量。

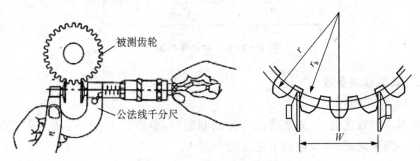

图 1 - 2 - 5　公法线长度测量

跨测齿数 k 的计算公式为

$$k = \frac{z\alpha}{180°} + 0.5(\text{四舍五入圆整})。$$

跨测齿数也可以从表 1 - 2 - 3 中查得。例如 $\alpha = 20°$,$z = 33$。查表 1 - 2 - 3,跨测齿数 $k = 4$,需要测量 W_4、W_5 或 W_3。

表 1 - 2 - 3　测量公法线长度时的跨测齿数 k

压力角 α	跨测齿数 k							
	2	3	4	5	6	7	8	9
	被测齿轮齿数 z							
14.5°	9~23	24~35	36~47	48~59	60~70	71~82	83~95	96~100
15°	9~23	24~35	36~47	48~59	60~71	72~83	84~96	96~107
20°	9~18	19~27	28~36	37~45	46~54	55~63	64~72	73~81
22.5°	9~16	17~24	25~32	33~40	41~48	49~56	57~64	65~72
25°	9~14	15~21	22~29	30~36	37~43	44~51	52~58	59~65

1.2.1.4　测量中心距 a

可以通过测量齿轮啮合轴或孔的距离和轴径或孔径,计算得到中心距 a。如图 1 - 2 - 6 所示,中心距

$$a = L_1 + (d_1 + d_2)/2 = L_2 - (d_1 + d_2)/2。$$

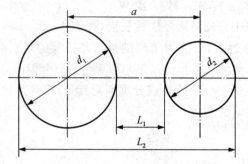

图 1 - 2 - 6　中心距的测量

1.2.2　确定标准参数

1.2.2.1　确定模数

在确定基本参数之前,首先要确定齿轮的制造国,参照表 1 - 2 - 4 确定制造国,通过初步判断齿轮采用米制式(即模数制),还是径节制式。

表 1 - 2 - 4　世界主要国家圆柱齿轮常用基本齿廓主要参数

国别	齿形种类	m 或 DP	α	h_a^*	c^*	p_f
国际标准化组织	标准齿形	m	20°	1 m	0.25 m	0.38 m
中国	标准齿形	m	20°	1 m	0.25 m	0.38 m
	短齿齿形	m	20°	0.8 m	0.3 m	
德国	标准齿形	m	20°	1 m	$(0.1\sim0.3)m$	
	短齿齿形	m	20°	0.8 m	$(0.1\sim0.3)m$	
法国	标准齿形	m	20°	1 m	0.25 m	0.38 m
日本	标准齿形	m	20°	1 m	0.25 m	
英国	标准齿形	DP	$14\frac{1}{2}°$	1 m	0.157 m	
	标准齿形	DP	20°	1 m	$0.25\sim0.40$ m	$(0.25\sim0.39)m$
	标准齿形	m	20°	1 m	$0.25\sim0.40$ m	$(0.25\sim0.39)m$
美国	标准齿形	DP	$14\frac{1}{2}°$	1 m	$0.25\sim0.35$ m	
	标准齿形	DP	25°	1 m	$0.25\sim0.35$ m	
	标准齿形	DP	20°	1 m	$0.20\sim0.40$ m	
	短齿齿形	DP	$22\frac{1}{2}°$	0.875 m	0.125 m	

通过观察齿轮的齿廓形状确定齿轮制式。在图 1 - 2 - 7 所示的齿形图中,齿形弯曲、齿槽根部狭窄,且圆弧大的是模数齿轮(图(a));齿形平直、齿槽根部宽平,且圆弧小的是径节

齿轮(图(b))。另外,标准齿形细长(图(c)),短齿齿形较矮且顶部宽(图(d))。

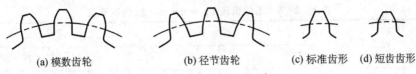

(a) 模数齿轮　　(b) 径节齿轮　　(c) 标准齿形　(d) 短齿齿形

图 1 - 2 - 7　齿轮的齿形

（1）通过齿顶圆直径或齿根圆直径计算确定模数　即

$$m = \frac{d_a}{z + 2h_a^*}, \quad 或 \quad m = \frac{d_f}{z - 2h_a^* - 2c^*},$$

式中,h_a^* 为齿顶高系数,标准齿形 $h_a^* = 1$,短齿形 $h_a^* = 0.8$;c^* 为顶隙系数,标准齿形 $c^* = 0.25$。

（2）通过全齿高计算确定模数　即

$$m = \frac{h}{2h_a^* + c^*} = \frac{d_a - d_f}{2(2h_a^* + d_f)}。$$

（3）通过中心距计算模数　即

$$m = \frac{2a}{z_1 + z_2}。$$

将上述计算结果进行分析比较,参照表 1 - 2 - 5 确定模数。

表 1 - 2 - 5　渐开线圆柱齿轮模数(GB/T 1357—1987)

第一系列	0.1, 0.12, 0.15, 0.2, 0.25, 0.3, 0.4, 0.5, 0.6, 0.8, 1, 1.25, 1.5, 2, 2.5, 3, 4, 5, 6, 8, 10, 12, 16, 20, 25, 32, 40, 50
第二系列	0.35, 0.7, 0.9, 1.75, 2.25, 2.75, (3.25), 3.5, (3.75), 4.5, 5.5, (6.5), 7, 9, (11), 14, 18, 22, 28, 36, 45

注:选用模数时,应优先选用第一系列,其次是第二系列,尽可能不用括号内的模数。

1.2.2.2　确定压力角

（1）齿形样板对比法　按标准齿条的轮廓形状制造出一系列齿形样板。将齿形样板放在轮齿上,对光观察齿侧间隙和径向间隙,可同时确定齿轮的压力角 α 和模数 m。

（2）齿轮滚刀试滚法　齿轮滚刀是按展成法加工齿轮的刀具。选用不同齿形角 α 的齿轮滚刀与齿轮作啮合滚动,观察齿形是否一致,刀具顶部与齿轮的齿根有无间隙,确定压力角 α。

（3）公法线长度法　按照测量的公法线长度 W_k、W_{k+1} 或 W_{k-1},推算出基圆的齿距 P_b,计算压力角,即

$$\alpha_P = \arccos \frac{P_b}{\pi m} = \arccos \frac{W_k - W_{k-1}}{\pi m}。$$

也可以按照表 1-2-6 基圆齿距数值表确定压力角。

表 1-2-6　基圆齿距 $P_b = \pi m \cos \alpha$ 数值表节选　　　　单位:mm

模数 m/mm	径节 P/in	α						
		25°	22.5°	20°	17.5°	16°	15°	14.5°
1	25.400 0	2.847	2.902	2.952	2.996	3.020	3.035	3.042
1.058	24	3.012	3.071	3.123	3.170	3.195	3.211	3.218
1.155	22	3.289	3.352	3.410	3.461	3.488	3.505	3.513
1.25	20.320 0	3.559	3.628	3.690	3.745	3.775	3.793	3.802
1.270	20	3.616	3.686	3.749	3.805	3.835	3.854	3.863
1.411	18	4.017	4.095	4.165	4.228	4.261	4.282	4.292
1.5	16.933 3	4.271	4.354	4.428	4.494	4.530	4.552	4.562
1.583	16	4.521	4.609	4.688	4.758	4.796	4.819	4.830
1.75	14.514 3	4.983	5.079	5.166	5.243	5.285	5.310	5.323
1.814	14	5.165	5.205	5.355	5.435	5.478	5.505	5.517
2	12.700 0	5.694	5.805	5.904	5.992	6.040	6.069	6.083
2.117	12	6.028	6.144	6.250	6.343	6.393	6.424	6.439
2.25	11.288 9	6.406	6.531	6.642	6.741	6.795	6.828	6.843
2.309	11	6.574	6.702	6.816	6.918	6.973	7.007	7.023
2.5	10.160 0	7.118	7.256	7.380	7.490	7.550	7.586	7.604
2.54	10	7.232	7.372	7.498	7.610	7.671	7.708	7.725
2.75	9.236 4	7.830	7.982	8.118	8.240	8.305	8.345	8.364
2.822	9	8.635	8.191	8.331	8.455	8.522	8.563	8.583
3	8.466 7	8.542	8.707	8.856	8.989	9.060	9.104	9.125
3.175	8	9.040	9.215	9.373	9.513	9.588	9.635	9.657
3.25	7.815 4	9.254	9.433	9.594	9.738	9.815	9.862	9.885
3.5	7.257 1	9.965	10.159	10.332	10.487	10.570	10.621	10.645
3.629	7	10.333	10.533	10.713	10.873	10.959	11.012	11.038
3.75	6.773 3	10.677	10.884	11.070	11.236	11.325	11.380	11.406
4	6.3500	11.389	11.610	11.809	11.986	12.080	12.138	12.166
4.233	6	12.052	12.236	12.496	12.683	12.783	12.845	12.875
4.5	5.644 4	12.813	13.061	13.285	13.483	13.590	13.655	13.687
5	5.0800	14.236	14.512	14.761	14.931	15.099	15.173	15.208

1.2.2.3 确定齿顶高系数 h_a^* 和顶隙系数 c^*

(1) 通过齿顶圆直径 d_a 计算确定齿顶高系数 h_a^* 即

$$h_a^* = \frac{d_a}{2m} - \frac{z}{2}。$$

(2) 通过齿根圆直径 d_f 或全齿高 h 计算确定齿顶隙系数 c_a^* 即

$$C^* = \frac{z}{2} - \frac{d_f}{2m} - 2h_a^*, \quad \text{或} \quad C^* = \frac{h}{m} - 2h_a^*。$$

计算结果应与标准值相符,否则可能是变位齿轮或其他齿轮。

1.2.3 计算和校核加工齿轮所需的全部几何尺寸

外啮合标准直齿圆柱齿轮的几何尺寸,可按照表 1 - 2 - 7 中的公式计算。

表 1 - 2 - 7 外啮合标准直齿圆柱齿轮尺寸计算

名称	代号	计算公式
模数	m	$m = P/\pi = d/z = d_a/(z+2)$
齿距	P	$P = \pi m = \pi d/z$
齿数	z	$z = d/m = \pi d/P$
分度圆直径	d	$d = mz = d_a - 2m$
齿顶圆直径	d_a	$d_a = m(z+2) = d + 2m = P(z+2)/\pi$
齿根圆直径	d_f	$d_f = d - 2.5m = m(z-2.5) = d_a - 2h = d_a - 4.5m$
齿顶高	h_a	$h_a = m = P/\pi$
齿根高	h_f	$h_f = 1.25m$
齿高	h	$h = 2.25m$
齿厚	s	$s = P/2 = \pi m/2$
中心距	a	$a = (z_1 + z_2)m/2 = (d_1 + d_2)/2$
跨测齿数	k	$k = z\alpha/180° + 0.5$
公法线长度	W_k	$W_k = m\cos\alpha[\pi(k-0.5) + z(\tan\alpha - \alpha)]$

1.2.4 确定精度等级

1.2.4.1 确定精度等级

齿轮及齿轮副国家标准规定了 12 个精度等级,第 1 级的精度最高,第 12 级的精度最低。齿轮副中两个齿轮的精度等级一般取成相同,也允许取成不相同。

确定齿轮的精度等级,必须根据齿轮的传动用途、工作条件等方面的要求而定,即综合考虑齿轮的圆周速度、传动功率、工作持续时间、机械振动、噪声和使用寿命等因素。

精度等级可以采用计算法来确定,但企业大多采用经验类比法来确定,表 1 - 2 - 8 列举了常用机器传动中齿轮的精度等级。

表 1 - 2 - 8　齿轮精度等级

机 器 类 型	精度等级	机 器 类 型	精度等级
测量齿轮	3～5	一般用途减速器	6～8
透平机用减速器	3～6	载重汽车	6～9
金属切削机床	3～8	拖拉机及轧钢机的小齿轮	6～10
航空发动机	4～7	起重机械	7～10
轻便汽车	5～8	矿山用卷扬机	8～10
内燃机车和电气机车	5～8	农业机械	8～11

1.2.4.2　齿轮精度等级的标注

在齿轮零件图中,应标注齿轮的精度等级和齿厚偏差代号或偏差数值。举例如下:

(1) 第 I 公差组精度为 7 级,第 II、III 公差组精度为 6 级,齿厚上偏差为 G,齿厚下偏差为 M,表示为

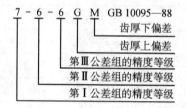

(2) 齿轮 3 个公差组精度同为 7 级,其齿厚上偏差为 F,下偏差为 L,表示为

```
7  F  L  GB 10095—88
      │  └─ 齿厚下偏差
      └──── 齿厚上偏差
   └─────── 第 I、II、III 公差组的精度等级
```

(3) 齿轮的 3 个公差组精度同为 4 级,其齿厚上偏差为 $-330\ \mu m$,下偏差为 $-405\ \mu m$,表示为

$$4\ \binom{-0.330}{-0.405}\ GB\ 10095—88$$

```
         └─ 齿厚上、下偏差
   └─────── 第 I、II、III 公差组的精度等级
```

1.2.5　确定技术要求

1.2.5.1　确定表面结构

齿轮各表面的表面结构采用轮廓算术平均偏差评定参数,其值的确定与精度等级、工艺方法密切相关,可参照表 1 - 2 - 9 选用。

表 1-2-9 齿轮各主要表面表面结构 Ra 的推荐值 单位：μm

部位	齿轮精度等级				
	5	6	7	8	9
工作齿面	0.2~0.4	0.4	0.4~0.8	0.8~1.6	1.6~3.2
齿轮基准孔	0.2~0.8	0.8~1.6		1.6~3.2	
齿轮轴的基准轴颈	0.2~0.4	0.4~0.8		0.8~1.6	
齿轮基准端面	0.4~0.8	0.8~1.6		0.8~3.2	3.2~6.3
齿轮顶圆	0.8~1.6	1.6~3.2			3.2~6.3

注：① 如果齿轮采用组合精度，按其中精度最高的等级选用 Ra 的值。
　　② 如果齿轮顶圆直径作基准时，要适当减小顶圆表面的 Ra 值。

1.2.5.2 确定尺寸公差和形位公差

为了保证齿轮的精度，必须对经过机械加工，而仅未加工出轮齿之前的齿坯提出尺寸公差和形位公差的要求，可以参照表 1-2-10 确定齿轮中心距的极限偏差、参照表 1-2-11 确定齿坯公差、参照表 1-2-12 确定齿坯基准面径向和端面圆跳动公差。

表 1-2-10 中心距极限偏差值 $\pm f_a$ 值 单位：μm

第Ⅱ公差组精度等级		5~6	7~8	9~10
齿轮副的中心距/mm		极限偏差 $\pm f_a$		
大于	到	$\frac{1}{2}$IT7	$\frac{1}{2}$IT8	$\frac{1}{2}$IT9
6	10	7.5	11	18
10	18	9	13.5	21.5
18	30	10.5	16.5	26
30	50	12.5	19.5	31
50	80	15	23	37
80	120	17.5	27	43.5
120	180	20	31.5	50
180	250	23	36	57.5
250	315	26	40.5	65
315	400	28.5	44.5	70
400	500	31.5	48.5	77.5
500	630	35	55	87
630	800	40	62	100
800	1 000	45	70	115
1 000	1 250	52	82	130
1 250	1 600	62	97	

表 1-2-11 齿坯公差

齿轮精度等级①		1	2	3	4	5	6	7	8	9	10	11	12
孔	尺寸公差	IT4	IT4	IT4	IT4	IT5	IT6	IT7	IT7	IT8	IT8	IT8	IT8
	形状公差	IT1	IT2	IT3	IT4	IT5	IT6	IT7	IT7	IT8	IT8	IT8	IT8
轴	尺寸公差	IT4	IT4	IT4	IT4	IT5	IT5	IT6	IT6	IT7	IT7	IT8	IT8
	形状公差	IT1	IT2	IT3	IT4	IT5	IT5	IT6	IT6	IT7	IT7	IT8	IT8
顶圆直径②		IT6	IT6	IT6	IT6	IT7	IT7	IT7	IT8	IT8	IT9	IT11	IT11
基准面的径向跳动③		见表 1-2-12											
基准圆的端面跳动		见表 1-2-12											

注:① 当 3 个公差组的精度等级不同时,按最高的精度等级确定公差值。
② 当顶圆不作测量齿厚的基准时,尺寸公差按 IT11 给定,但不大于 $0.1\,m$。
③ 当以顶圆作基准面时,本表就指顶圆的径向跳动。

表 1-2-12 齿坯基准面径向和端面圆跳动公差　　　　单位:μm

分度圆直径/mm		精度等级				
大于	到	1 和 2	3 和 4	5 和 6	7 和 8	9 到 12
—	125	2.8	7	11	18	28
125	400	3.6	9	14	22	36
400	800	5	12	20	32	50
800	1 600	7	18	28	45	71
1 600	2 500	10	25	40	63	100
2 500	4 000	16	40	63	100	160

1.2.5.3　确定材料及热处理

齿轮的材料及热处理是根据鉴定结果和齿轮的用途、工作条件,参照表 1-2-13 综合考虑后确定。

表 1-2-13 齿轮的材料及热处理

工作条件及特性	材料	代用材料	热处理	硬度
在低速度及轻负荷下工作,而不受冲击性负荷的齿轮	HT150～HT350			
在低速及中负荷下工作的齿轮	45	50	调质	220～250 HBW
	40Cr	45Cr 35Cr 35CrMnSi	调质	220～250 HBW

工作条件及特性	材料	代用材料	热处理	硬度
在低速及重负荷或高速及中负荷下工作,而不受冲击性负荷的齿轮	45	50	高频表面加热淬火	45~50 HRC
在中速及中负荷下工作的齿轮	50Mn2	50SiMn 45Mn2 40CrSi	淬火、回火	255~302 HBW
在中速及重负荷下工作的齿轮	40Cr 35CrMo	30CrMnSi 40CrSi	淬火 回火	45~50 HRC
在高速及轻负荷下工作、无猛烈冲击、精密度及耐磨性要求较高的齿轮	40Cr	35Cr	碳氮共渗或渗碳、淬火、回火	48~54 HRC
在高速及中负荷下工作,并承受冲击负荷的小齿轮	15	20 15Mn	渗碳 淬火、回火	48~54 HRC
在高速及中负荷下工作,并承受冲击负荷的外形复杂的重要齿轮	20Cr 18CrMnTi	20Mn2B	渗碳、淬火、回火	56~62 HRC
在高速及中负荷下工作、无猛烈冲击的齿轮	40Cr	—	高频感应加热淬火	50~55 HRC
在高速及重负荷下工作的齿轮	40CrNi 12CrNi3 35CrMoA		淬火、回火(渗碳)	45~50 HRC
周速为 40~50 m/s	夹布胶木			

硬齿面的齿轮,其大小齿轮硬度可以相同,也可以小齿轮硬度高于大齿轮 20~30 HB 或 2~3 个 HRC。

任务实施

1.2.6 了解和分析被测齿轮,确定表达方案

(1)结构分析 该齿轮为减速器中的大齿轮,小齿轮将输入轴的转动传递给输出轴的大齿轮,实现减速、变向的作用。该齿轮有键槽、倒角等结构,如图 1-2-8 所示。

(2)确定表达方案 具体如下:

① 主视图的选择:按加工位置原则将轴线水平放置,键槽朝上。

② 其他视图的选择:用局部视图表达键槽的结构。

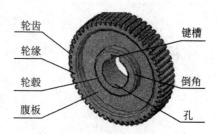

图 1-2-8 齿轮的结构分析

轮齿　键槽
轮缘
轮毂　倒角
腹板　孔

1.2.7 绘制零件草图

1.2.7.1 徒手绘制图框、标题栏、参数表、视图

参照任务 1.1 绘制齿轮零件草图,包括齿轮参数表,如图 1-2-9 所示。

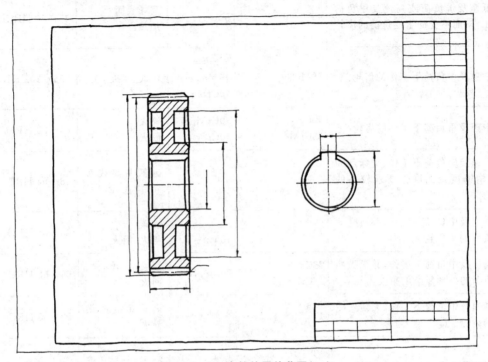

图 1-2-9 齿轮的零件草图(一)

1.2.7.2 测量、计算、标注尺寸

(1) 测量轮齿部分 步骤如下:

第 1 步:数出齿数 $z = 55$,该齿轮为奇数齿轮。

第 2 步:测量齿顶圆直径 d_a(校正系数法)。参照图 1-2-3(b)测量 $d_a' = 113.98$,查表 1-2-2,确定奇数齿轮齿顶圆直径校正系数 $k = 1.000\ 4$,计算得

$$d_a = k \times d_a' = 1.000\ 4 \times 113.98 = 114.025\ 592。$$

测量齿根圆直径(间接测量法)。参照图 1-2-3(a),得

$$d_f = d_{孔} + 2L_2 = 32.01 + 2 \times 36.48 = 104.97。$$

第 3 步:计算模数 m。以 $h_a^* = 1$, $c^* = 0.25$ 代入公式,即

$$m' = \frac{d_a}{z + 2h_a^*} = \frac{114.025\ 592}{55 + 2 \times 1} = 2.000\ 4;$$

$$m'' = \frac{d_f}{z - 2h_a^* - 2c^*} = \frac{104.97}{55 - 2 \times 1 - 2 \times 0.25} = 1.994。$$

查表 1-2-5,标准模数 2 与计算值接近,故初步定为模数齿轮,且模数 $m = 2\,\text{mm}$,$\alpha = 20°$,$h_a^* = 1$,$c^* = 0.25$。

第 4 步:确定压力角并验证模数。查表 1-2-3,得到测量齿轮公法线长度时跨测齿数为 7,测量 $W_7 = 39.96$,$W_8 = 45.84$。计算分度圆齿距为

$$P_b = W_8 - W_7 = 45.84 - 39.96 = 5.88。$$

查表 1-2-6,表中 5.904 与计算值 5.88 接近,即压力角 $\alpha = 20°$,模数 $m = 2$。

第 5 步:确定齿顶高系数 h_a^* 和顶隙系数 c^*。

① 通过齿顶圆直径 d_a 计算确定齿顶高系数:

$$h_a^* = \frac{d_a}{2m} - \frac{z}{2} = \frac{114.025\,592}{2 \times 2} - \frac{55}{2} = 1.006\,398。$$

② 通过齿根圆直径 d_f 计算确定齿顶隙系数:

$$c^* = \frac{z}{2} - \frac{d_f}{2m} - h_a^* = \frac{55}{2} - \frac{104.97}{2 \times 2} - 1 = 0.257\,5。$$

判断为标准齿轮,$h_a^* = 1$,$c^* = 0.25$。

第 6 步:计算并校核主要尺寸。

分度圆直径 $\qquad\qquad d = mz = 2 \times 55 = 110$;

齿顶圆直径 $\qquad\quad d_a = 2 \times (55 + 2 \times 1) = 114$;

齿根圆直径 $\qquad\quad d_f = 2 \times (55 - 2 \times 1 - 2 \times 0.25) = 105$。

(2) 测量其他部分 齿轮除了轮齿部分,其他结构常规测量。但孔的键槽因与键配合,测出孔径之后查附表 3-1,确定键槽宽度及深度并标注公差,如图 1-2-10(a)所示。根据类比法确定表面结构及形位公差并标注,如图 1-2-10(b)所示。

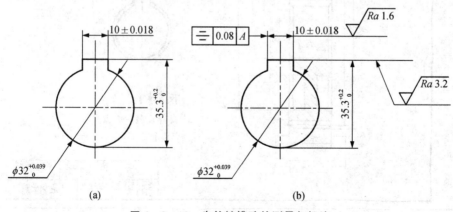

图 1-2-10　齿轮键槽孔的测量与标注

1.2.7.3 确定精度等级

参照表 1-2-8,将齿轮精度等级确定为 7 级,参照齿厚极限偏差 E_s 参考值将齿厚极限偏差代号定为 HK。齿轮精度标注代号为 7HK。

1.2.7.4 确定尺寸公差和形位公差

参照表 1-2-11 和附表(标准公差值),将齿顶圆直径公差定为 IT11 级,即 $\phi 114_{-0.22}^{\;\;0}$,齿轮孔公差为 IT7 级。

参照表 1-2-12,径向跳动公差定为 $18\ \mu m$,端面跳动公差定为 $18\ \mu m$。

1.2.7.5 确定表面结构

参照表 1-2-9,确定齿轮各表面的表面结构轮廓算术平均偏差 Ra 值见表 1-2-14。

表 1-2-14　齿轮表面结构值　　　　　　　　　　　　　　单位:μm

被测表面	齿轮工作齿面	齿顶圆	基准孔	基准端面
Ra 值	0.8		1.6	

1.2.7.6 确定齿轮的材料及热处理

根据鉴定结果和齿轮的工作条件,参照表 1-2-13,选用合金钢 40Cr,齿面淬火 48～54 HRC。

1.2.7.7 填写标题栏和参数表

正确填写标题栏内零件名称、材料、数量、图号等内容,完成零件草图,如图 1-2-11 所示。

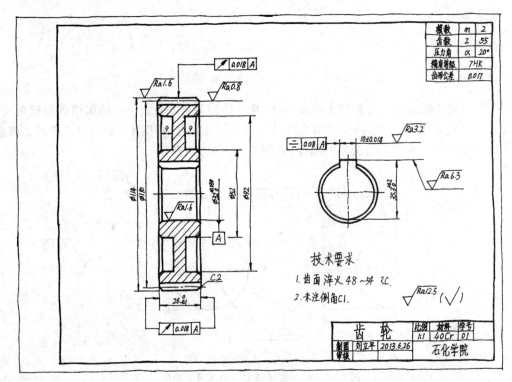

图 1-2-11　齿轮的零件草图(二)

检查草图:视图的表达是否正确,尺寸标注是否正确、完整、清晰、合理,参数确定是否有误等,进行调整、修正。

1.2.8　绘制零件工作图

参照任务 1.1 的步骤绘制齿轮零件工作图,如图 1-2-12 所示。

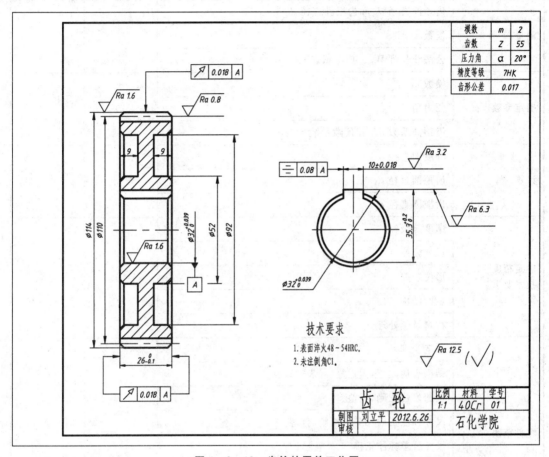

模数	m	2
齿数	Z	55
压力角	α	20°
精度等级		7HK
齿形公差		0.017

技术要求

1. 表面淬火48~54HRC.
2. 未注倒角C1.

齿 轮		比例	材料	学号
		1:1	40Cr	01
制图	刘立平 2012.6.26		石化学院	
审核				

图 1-2-12　齿轮的零件工作图

**模仿练习**

模仿一级齿轮减速器中齿轮的测绘方法,对齿轮油泵中的传动齿轮进行测绘,如图1-2-13所示。

图 1-2-13　齿轮油泵中的传动齿轮

 **考核评价**

直齿圆柱齿轮的测绘考核评价单			
评价项目	评价内容	分值	得分
测量	齿顶圆直径 d_a 和齿根圆直径 d_f	15	
	齿数 z		
	公法线长度 W_k、W_{k+1} 或 W_{k-1}		
确定参数	模数 m	10	
	压力角 α		
	齿顶高系数 h_a^* 和顶隙系数 c^*		
计算	分度圆直径 d	5	
	齿顶圆直径 d_a		
	齿根圆直径 d_f		
确定精度技术要求	精度等级	10	
	尺寸公差		
	形位公差		
	表面结构		
	材料及热处理		
零件草图	方案合理	25	
	结构表达完整,无重复、漏表达结构		
	视图表达正确、完整		
	尺寸标注正确、完整、清晰、合理		
	尺寸公差标注正确		
	形位公差标注正确		
	表面结构标注正确		
	标题栏格式、内容正确、技术要求注写正确		
零件工作图	视图表达方案正确、合理	25	
	尺寸标注正确、完整、清晰、合理		
	技术要求标注正确、合理		
	标题栏注写正确		
	线型、线宽绘制正确		

评价项目	评价内容	分值	得分
	图面布置合理、干净整洁		
小组互评	达到任务目标要求、与人沟通、团队协作	5	
考勤	是否缺勤	5	
综合评价		100	

任务 1.3　减速器箱体的测绘

工作任务

完成减速器箱体的测绘,具体要求见表 1-3-1 所示的工作任务单。

表 1-3-1　工作任务单

任务介绍	在教师的指导下,完成一级减速器箱体的测绘任务		
任务要求	![图1-3-1 减速器箱体]　① 徒手绘制箱体零件草图　② 测量、标注尺寸　③ 确定并标注技术要求　④ 绘制箱体零件工作图　　图 1-3-1　减速器箱体		
测绘工具、设备	钢直尺、内外卡钳、游标卡尺、内径百分表或千分表、螺距规、半径规每组一套 图板、丁字尺每人一套		
任务实施	学习情境	实施过程	结果形式
	了解和分析箱体 确定表达方案	教师讲解 学生查阅资料	拟定零件表达方案
	绘制零件草图　徒手绘制草图	教师讲解、示范、辅导、答疑 学生查阅资料、徒手绘制 草图	绘制零件草图 A3 图纸
	测量、标注尺寸	教师讲解、示范 学生测量、标注	尺寸标注达到正确、完整、 清晰、合理

	学习情境	实施过程	结果形式
绘制零件草图	确定尺寸公差和形位公差	教师讲解 学生查阅资料	确定的尺寸公差、形位公差要经济、合理
	确定表面结构值	教师讲解,学生查阅资料	确定的 Ra 值经济、合理
	确定材料及热处理	教师讲解,学生查阅资料	确定材料及热处理
	填写标题栏	学生填写	完成零件草图,A3 图纸
绘制零件工作图		教师讲解、示范、辅导、答疑 学生绘图	绘制零件工作图 A3 图纸
学习重点		确定零件表达方案,测量并标注尺寸,绘制零件图	
学习难点		表达方案的确定,草图的绘制,测量尺寸,技术要求的确定	
任务总结		学生提出实训过程中存在的问题,解决并总结 教师根据实训过程中学生存在的共性问题,讲评并解决	
任务考核		见任务考核评价单	

 **知识链接**

1.3.1 箱体类零件的功用和结构特点

减速器箱体属于典型的箱体类零件。

箱体类零件是机器或部件的主要零件,主要用来支承、容纳、定位和密封。其内、外结构一般都较为复杂,多为有一定壁厚的中空腔体。常见的箱体类零件有机床主轴箱、机床进给箱、变速箱体、减速箱体、齿轮油泵泵体、阀门阀体、发动机缸体和机座等。

箱体类零件内、外结构都比较复杂,但仍有共同的主要特点:由薄壁围成不同形状的空腔,空腔壁上有多方向的孔,用以支承和容纳其他零件。另外,具有凸台、凹坑、凹槽、放油孔、安装底板、肋板、销孔、螺纹孔、螺栓孔、铸造圆角、拔模斜度等结构。

1.3.2 箱体类零件的视图表达

箱体类零件通常采用 3 个或 3 个以上的基本视图表达,根据具体结构特点选用全剖、半剖或局部剖视图,并辅以断面图、斜视图、局部视图等表达方法。

箱体类零件主视图的投射方向,按工作位置选取最能反映零件各部分结构形状和相对位置的方向。

主视图确定后,根据由主体到局部、逐步补充的顺序加以完善,具体方法如下:

(1)分析除主视图外其他尚未表达清楚的主要部分,确定相应的基本视图。

(2)分析其他未表达清楚的次要部分,选择适当表达方法或增加其他视图加以补充。

1.3.3 箱体类零件的尺寸标注

（1）选择尺寸基准　高度方向一般选择设计基准、工艺基准重合的底面,长度和宽度方向通常选择主要孔的轴线、对称面和重要的端面为基准。

（2）标注定形尺寸,定位尺寸和总体尺寸　箱体类零件的结构比较复杂,应用形体分析法逐一标注其定形尺寸、定位尺寸和总体尺寸。

（3）标准化结构标注标准尺寸　箱体类零件中很多结构均已标准化,如销孔、沉孔、螺纹孔、铸造圆角、拔模斜度等,这些结构的尺寸标注应查阅国家标准,按规定标注尺寸。

（4）重要尺寸直接标注　影响产品性能、工作精度和配合的重要尺寸必须直接注出,重要尺寸分为以下 4 类:

① 直接影响零件运动、传动准确度的尺寸。

② 机器的性能规格尺寸。

③ 两零件相互配合的尺寸。

④ 决定零件在机器或部件中相对位置的尺寸。

1.3.4 箱体类零件的技术要求

1.3.4.1 确定表面结构

箱体类零件的非加工表面可以直接标注符号$\sqrt{}$;对于加工表面,可以根据测量结果,参照表 1-3-2 来确定。

表 1-3-2 剖分式减速器箱体的表面结构值　　　　　单位:μm

加工表面	减速器剖分面	减速器底面	轴承座孔面	轴承座孔外端面	螺栓孔座面
Ra	3.2~1.6	12.5~6.3	3.2~1.6	6.3~3.2	12.5~6.3
加工表面	圆锥销孔面	视孔盖接触面	油塞孔座面	嵌入盖凸缘槽面	其他表面
Ra	3.2~1.6	12.5	12.5~6.3	6.3~3.2	>12.5

1.3.4.2 确定尺寸公差

箱体类零件的尺寸公差有孔径的公差、啮合传动轴支承孔之间的中心距的尺寸公差等。通常情况下,各种机床主轴箱上的主轴孔的公差等级取 IT6 级,其他支承孔的公差等级取 IT7 级。孔径的基本偏差代号视具体情况而定,如安装滚动轴承外圈孔的公差带可以参照表 1-3-3 选取。啮合传动轴支承孔间的中心距公差应根据传动副的精度等级等条件选用,机床圆柱齿轮箱体孔中心距极限偏差见表 1-3-4。在测绘中,可以采用类比法,根据实践经验并参照相关资料和同类零件的公差,综合考虑后确定公差。

表 1 - 3 - 3　安装滚动轴承外圈孔的公差带

外圈工作条件				应用举例	公差代号[2]
旋转状态	载荷	轴向位移的限度	其他情况		
外圈相对载荷方向静止	轻、正常和重载荷	轴向容易移动	轴处于高温	烘干筒、有调心滚子轴承的大电动机	G7
			剖分式外壳	一般机械、铁路车辆轴箱	H7[1]
	冲击载荷	轴向能移动	整体式或剖分式外壳	铁路车辆轴箱轴承	J7[1]
外圈相对载荷方向摆动	轻和正常载荷		整体式或剖分式外壳	电动机、泵、曲轴主轴承	
	正常和重载荷		整体式外壳	电动机、泵、曲轴主轴承	K7[1]
	重冲击载荷			牵引电动机	M7[1]
外圈相对于载荷复杂旋转	轻载荷	轴向不移动		张紧滑轮	
	正常和重载荷			装用球轴承的轮毂	N7[1]
	重冲击载荷		薄壁、整体式外壳	装用滚子轴承的轮毂	P7[1]

注：① 凡对精度要求较高的场合，应用 H6、J6、K6、M6、N6、P6 分别代替 H7、J7、K7、M7、N7、P7，并应选用整体式箱体。

② 对于轻铝合金外壳，应选择比钢或铸铁箱体较紧的配合。

表 1 - 3 - 4　机床圆柱齿轮箱体孔中心距极限偏差 $\pm F_a$ 值　　　　单位：μm

箱体孔的中心距/mm		齿轮第 Ⅱ 公差组精度等级							
		3～4 级		5～6 级		7～8 级		9～10 级	
		极限偏差 $\pm F_a$							
大于	到	$\frac{1}{2}$IT6	$\frac{1}{2}$IT6.5	$\frac{1}{2}$IT7	$\frac{1}{2}$IT7.5	$\frac{1}{2}$IT8	$\frac{1}{2}$IT8.5	$\frac{1}{2}$IT9	$\frac{1}{2}$IT9.5
～50		8	10	12	15	19	24	31	39
50	80	9.5	12	15	18	23	29	37	47
80	120	11	14	17	21	27	34	43	55
120	180	12.5	16	20	25	31	39	50	62
180	250	14.5	18.5	23	29	36	45	57	72
250	315	16	20.5	26	32	40	52	65	82
315	400	18	22.5	28	35	44	55	70	90
400	500	20	25	31	39	48	32	77	97
500	630	22	27.5	35	44	55	70	87	110

箱体孔的中心距/mm		齿轮第Ⅱ公差组精度等级							
		3～4 级		5～6 级		7～8 级		9～10 级	
		极限偏差±F_a							
630	800	25	31.5	40	50	62	80	100	127
800	1 000	28	35.5	45	55	70	90	115	145
1 000	1 250	33	41.5	52	65	82	102	130	165
1 250	1 600	39	49.5	62	77	97	122	155	197
1 600	2 000	46	57.5	75	92	115	145	185	227
2 000	2 500	55	70	87	110	140	175	220	235

注:齿轮第Ⅱ公差组精度等级为5级和6级时,箱体孔距F_a值允许采用$\frac{1}{2}$IT8。齿轮第Ⅱ公差组精度等级为7级和8级时,箱体孔距F_a值允许采用$\frac{1}{2}$IT9。

1.3.4.3　确定形位公差

在测绘过程中,可以采用测量法测出箱体上各检测部位的形位公差,再参照同类零件确定公差值,同时必须注意与表面结构、尺寸公差相适应。箱体类零件形位公差的测量见表1－3－5。

表 1 － 3 － 5　箱体类零件形位公差的测量

测量结构	测量项目	测量工具及方法	公差等级
轴承孔	圆度或圆柱度	内径百分表或内径千分表	IT6～IT7
轴承孔的轴线	位置度	坐标测量装置或专用测量装置	IT6～IT7
同轴轴承孔的轴线	同轴度	千分表	IT6～IT8
平行轴承孔的轴线	平行度	游标卡尺或量块、百分表	IT6～IT7
垂直孔的轴线	垂直度	千分表与心轴	IT6～IT7
轴承孔轴线与基准面	平行度	千分表与心轴	IT6～IT7
轴承孔轴线与孔端面	垂直度	千分表与塞尺、心轴	IT7～IT8

1.3.4.4　确定材料和热处理

箱体类零件的材料及热处理见表1－3－6。

表 1 － 3 － 6　箱体类零件材料及热处理

加工方法	材料	热处理
铸造	灰铸铁 HT200～400	时效
锻造		退火或正火
焊接	钢	

1.3.4.5　确定其他技术要求

根据零件需要,制定技术要求,常见其他技术要求内容如下:

(1)铸件不得有气孔、缩孔和裂纹等铸造缺陷。

(2)未注铸造圆角、拔模斜度值等。

(3)人工时效等热处理。

(4)清砂、涂漆等表面处理。

(5)无损检验等检验方法及要求。

 任务实施

1.3.5　了解和分析减速器箱体,确定表达方案

(1)结构分析　减速器箱体由 HT200 铸造而成,属于箱体类零件,如图 1-3-2 所示。为了保证一对齿轮啮合与润滑,以及润滑油的散热,箱体内有足够空间的油池槽。为保证箱体与箱盖的联结刚度,上端联结部分有较厚的联结凸缘,上面钻有 6 个螺栓孔和 2 个销钉孔;下端底板钻有 4 个螺栓安装孔。箱体支承轴和轴承,保证齿轮传动,要有足够的刚度,因此在箱体外侧铸有肋板。为了减少加工面,箱体底部加工凹槽,螺栓孔加工有凹坑。为了观察齿轮浸油深度,箱体一侧开有视镜孔;为了排除污油,箱体另一侧开有排油孔,排油孔与螺塞用螺纹联结,保证密封性;为了减少加工面,视镜孔和排油孔都有凸缘结构。

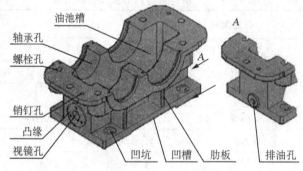

图 1-3-2　箱体的结构分析

(2)确定表达方案　具体如下:

① 确定主视图。因箱体内外结构都比较复杂,主视图采用多次局部剖视图表达螺栓孔、销钉孔、视镜孔、排油孔等内部结构。

② 选择其他视图。为了表达箱体凸缘的轮廓形状及螺栓孔、销钉孔的位置,增加俯视图。为了表达箱体油池槽深度及轴承座孔等内部结构,采用两个平行的剖切面,将箱体剖开作全剖的左视图。为了表达箱体左端凸缘结构及螺栓孔位置,增加局部视图等。

1.3.6　绘制零件草图

1.3.6.1　徒手绘制草图

参照任务 1.1 绘制零件草图的步骤,绘制箱体草图如图 1-3-3 所示。

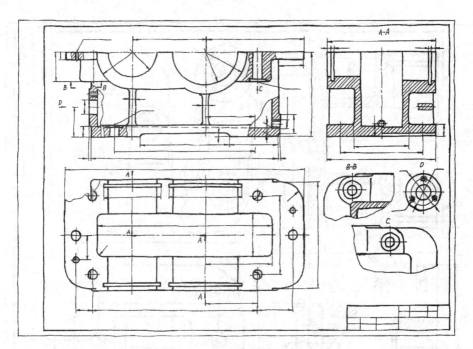

图 1-3-3　箱体零件草图(一)

1.3.6.2　测量、标注尺寸

(1)测量、标注定形尺寸　包括：

箱体底部的底板：长 180，宽 104，高 11。

箱体顶部的凸缘：长 230，宽 104，高 7。

油池槽：长 168，宽 40，深(由箱体底部厚度 10、8 确定)。

轴承孔直径：小 $\phi47$，大 $\phi62$。

肋板厚度：6。

其他定形尺寸。

(2)测量、标注定位尺寸　包括：

箱体孔中心距尺寸：70。

底板螺栓孔、销孔轴线定位尺寸：34、158、16，74、23。

视镜孔轴线高度定位尺寸：28。

排油螺纹孔轴线高度定位尺寸：12。

其他定位尺寸。

(3)测量、标注总体尺寸　总长：230；总宽：104；总高：80。

④ 检查、调整。检查所有尺寸，进行修改、调整，箱体完整的标注尺寸如图 1-3-4 所示。

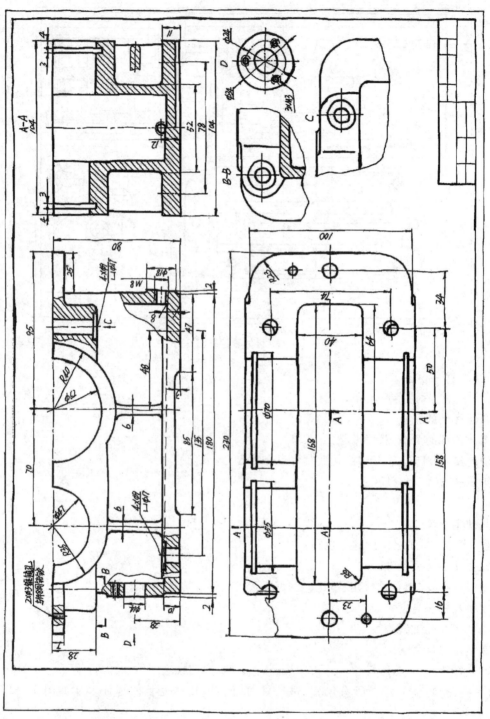

图 1 - 3 - 4　箱体零件草图——尺寸标注

制图测绘与 CAD 实训

1.3.6.3　确定尺寸公差和形位公差

(1) 确定尺寸公差　在箱体零件图中,需要标注公差的尺寸并确定其公差值,如表1-3-7所示。

表1-3-7　箱体尺寸公差的确定

项目	基本尺寸	参照表格	公差带代号	偏差数值
主动轴轴承孔直径	$\phi47$	表1-3-3	K7	$^{+0.007}_{-0.018}$
从动轴轴承孔直径	$\phi62$	表1-3-3	K7	$^{+0.009}_{-0.021}$
两轴支承孔中心距	70	表1-3-4	—	±0.023
箱体底板底面与凸缘顶面距离	80	附表6-2	—	±0.3

(2) 确定形位公差　在箱体零件图中,需要标注从动轴相对主动轴支承孔轴线的平行度公差,输出轴与端面的垂直度公差等级确定为IT7级,公差值查附表5.3-3,选定为$0.040~\mu m$。

1.3.6.4　确定表面结构

参照表1-3-2,确定减速箱各表面的表面结构轮廓算术平均偏差Ra值,见表1-3-8。

表1-3-8　减速箱表面结构值　　　　　　　单位:μm

加工表面	减速器剖分面	减速器底面	轴承座孔面	轴承座孔外端面	螺栓孔座面
Ra	3.2	6.3	1.6	6.3	12.5
加工表面	圆锥销孔面	视孔盖接触面	油塞孔座面	嵌入盖凸缘槽面	其他表面
Ra	1.6	12.5	6.3	6.3	>12.5

1.3.6.5　确定材料及热处理

根据鉴定结果和减速箱的工作条件,参照表1-3-6,选用HT200,时效处理。

1.3.6.6　填写标题栏

正确填写标题栏内零件名称、材料、数量、图号等内容,完成零件草图,如图1-3-5所示。

1.3.6.7　校对

检查草图中视图的表达是否正确,尺寸标注是否正确、完整、清晰、合理,参数确定是否有误等,进行调整、修正。

1.3.7　绘制零件工作图

参照任务1.1的步骤绘制箱体零件工作图,如图1-3-6所示。

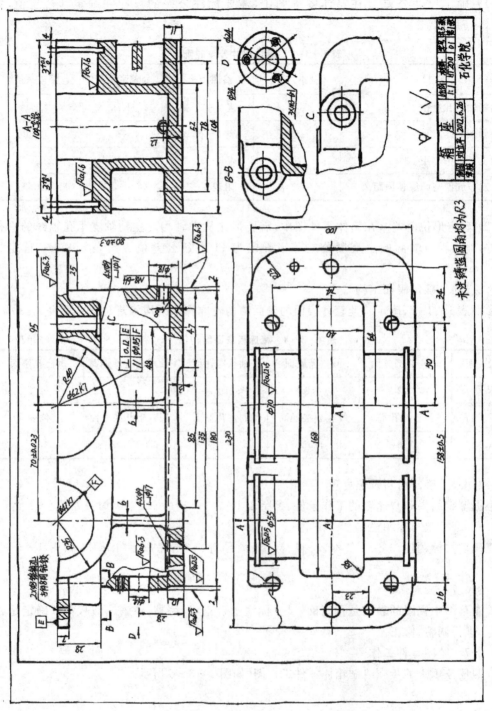

图 1-3-5 箱体的零件草图(二)

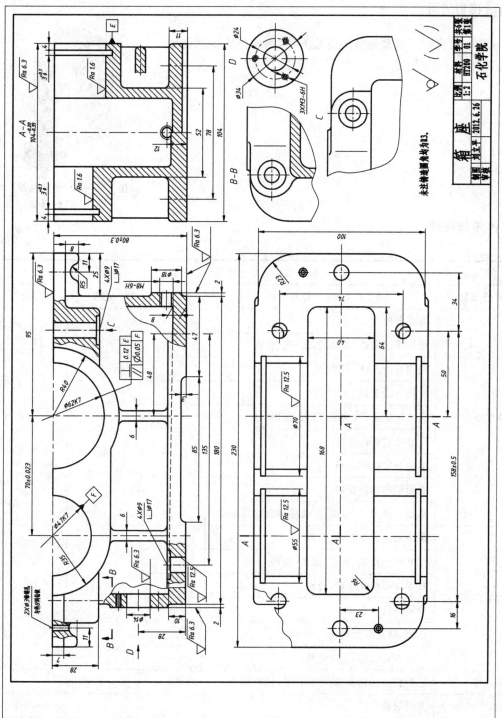

图 1 - 3 - 6　箱体的零件工作图

 **模仿练习**

模仿一级齿轮减速器箱体的测绘方法,测绘齿轮油泵的泵体,如图 1-3-7 所示。

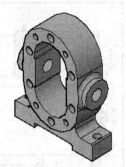

图 1-3-7 齿轮油泵的泵体

考核评价

减速箱测绘考核评价单			
评价项目	评价内容	分值	得分
零件草图	方案合理	60	
	结构表达完整,无重复、漏表达结构		
	视图表达正确、完整		
	测量方法正确		
	尺寸标注正确、完整、清晰、合理		
	尺寸公差标注正确		
	形位公差标注正确		
	表面结构标注正确		
	标题栏格式、内容正确、技术要求注写正确		
零件工作图	视图表达方案正确、合理	30	
	尺寸标注正确、完整、清晰、合理		
	技术要求标注正确、合理		
	标题栏注写正确		
	线型、线宽绘制正确		
	图面布置合理、干净整洁		
小组互评	达到任务目标要求、与人沟通、团队协作	5	
考勤	是否缺勤	5	
综合评价		100	

项目二　AutoCAD 绘制零件图

● **能力目标**

1. 利用 AutoCAD 熟练绘制平面图形。

2. 利用 AutoCAD 熟练绘制三视图。

3. 利用 AutoCAD 熟练绘制零件图。

● **知识点**

1. AutoCAD 工作界面。

2. AutoCAD 绘图环境设置。

3. 绘图命令。

4. 修改命令。

5. 图层。

6. 文字及尺寸标注。

7. 图案填充。

8. 块。

9. 样板文件。

任务 2.1　AutoCAD 操作基础

工作任务

具体要求见表 2 - 1 - 1 所示的工作任务单。

表 2-1-1　工作任务单

任务介绍	在教师的指导下,完成图 2-1-1 图形的绘制任务		
任务要求	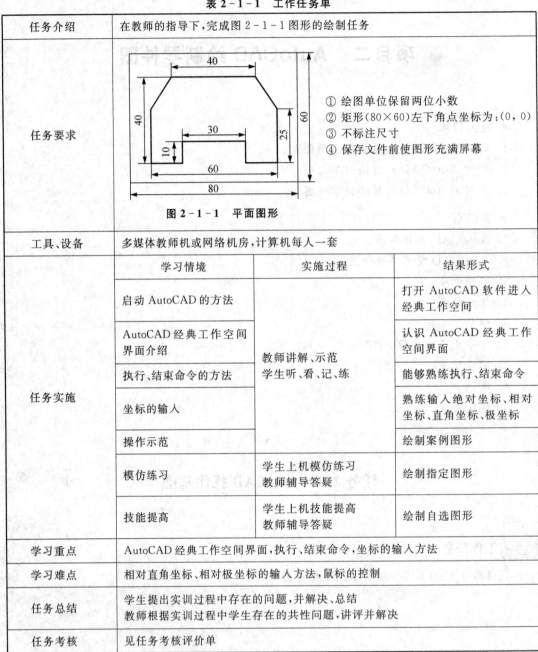 图 2-1-1　平面图形	① 绘图单位保留两位小数 ② 矩形(80×60)左下角点坐标为:(0,0) ③ 不标注尺寸 ④ 保存文件前使图形充满屏幕	
工具、设备	多媒体教师机或网络机房,计算机每人一套		
任务实施	学习情境	实施过程	结果形式
	启动 AutoCAD 的方法	教师讲解、示范 学生听、看、记、练	打开 AutoCAD 软件进入经典工作空间
	AutoCAD 经典工作空间界面介绍		认识 AutoCAD 经典工作空间界面
	执行、结束命令的方法		能够熟练执行、结束命令
	坐标的输入		熟练输入绝对坐标、相对坐标、直角坐标、极坐标
	操作示范		绘制案例图形
	模仿练习	学生上机模仿练习 教师辅导答疑	绘制指定图形
	技能提高	学生上机技能提高 教师辅导答疑	绘制自选图形
学习重点	AutoCAD 经典工作空间界面,执行、结束命令,坐标的输入方法		
学习难点	相对直角坐标、相对极坐标的输入方法,鼠标的控制		
任务总结	学生提出实训过程中存在的问题,并解决、总结 教师根据实训过程中学生存在的共性问题,讲评并解决		
任务考核	见任务考核评价单		

 知识链接

2.1.1　启动 AutoCAD 的方法

打开 AutoCAD,有以下 3 种方法:

（1）双击桌面上"AutoCAD 2010 中文版"图标。

（2）单击【开始】|"程序"|"Autodesk"|"AutoCAD 2010"。

（3）双击＊.dwg 格式文件。

2.1.2 AutoCAD 经典工作空间界面介绍

AutoCAD 经典工作空间的界面如图 2 - 1 - 2 所示，主要由绘图区、标题栏、菜单栏、工具栏、命令显示区、状态行等组成。

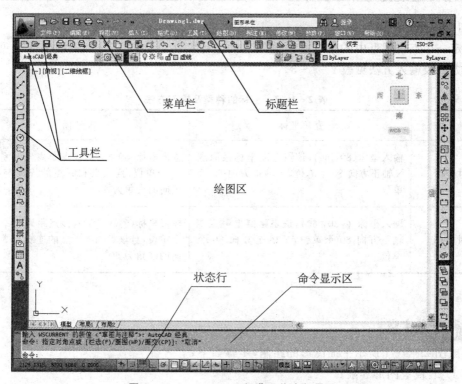

图 2 - 1 - 2 AutoCAD 经典工作空间界面

2.1.3 执行、结束命令的方法

在 AutoCAD 中，常见的执行命令、结束命令的方法见表 2 - 1 - 2。

表 2 - 1 - 2 执行、结束命令的方法

执行命令	命令行输入命令	完整命令，如 line
		简化命令，如 l
	单击菜单中的菜单项，如"绘图"|"直线"	
	单击工具栏中的命令按钮，如 ✏	
	右键快捷菜单	绘图区右键：重复上一次命令
		命令行右键：近期使用的命令

	右键结束命令
结束或退出命令	回车键结束命令
	空格键结束命令
	【Esc】键退出命令

2.1.4　坐标的输入

确定一个点在图形中的位置必须输入点的坐标。在 AutoCAD 中,二维坐标常见的种类划分方式及输入方法见表 2-1-3。

表 2-1-3　坐标的种类及输入方法

	直角坐标	极坐标
绝对坐标	输入坐标(80,60),该点距离坐标系原点X 轴正方向 80 个单位,Y 轴正方向 60 个单位	输入坐标(80<60),该点距离坐标系原点80 个单位,且该点和原点的连线与 X 轴正向的夹角为 60°
相对坐标	输入坐标(@80,60),该点距离上一点 X轴正方向 80 个单位,Y 轴正方向 60 个单位	输入坐标(@80<60),该点距离上一点 80个单位,且该点和上一点的连线与 X 轴正向的夹角为 60°

 任务实施

完成图 2-1-1 所示平面图形的绘制,步骤如下:

第 1 步:设置图形界限。

单击"格式"|"图形界限"。

重新设置模型空间界限:

指定左下角点或 [开(ON)/关(OFF)] ⟨0.0000,0.0000⟩:　　　　　　　　　　　(回车)

指定右上角点 ⟨420.0000,297.0000⟩:80,60　　　　　　　　　　　　　(输入 80,60)

第 2 步:设置图形单位。

单击"格式"|"单位",弹出"图形单位"对话框,设置如图 2-1-3 所示。

第 3 步:绘图。

① 直线命令,操作如下:

命令:_line 指定第一点:0,0　　　　　　　　　　　　　　　(输入坐标"0,0",回车)

指定下一点或 [放弃(U)]:80　　　　　　　(极轴打开状态,向右捕捉到 X 轴输入 80)

指定下一点或 [放弃(U)]:60　　　　　　　(极轴打开状态,向上捕捉到 Y 轴输入 60)

指定下一点或 [闭合(C)/放弃(U)]:80　　　(极轴打开状态,向左捕捉到 X 轴输入 80)

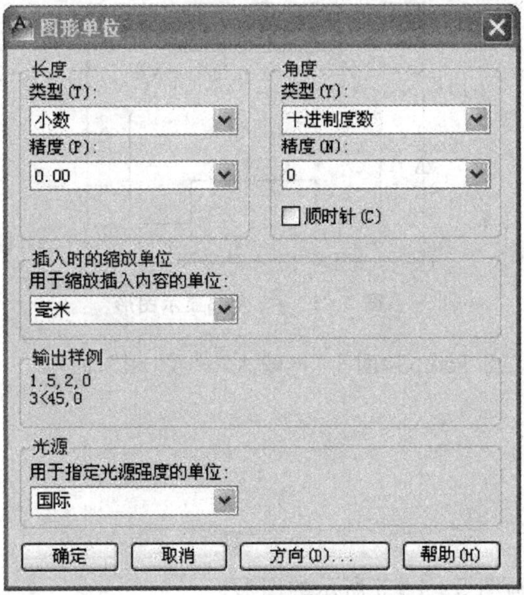

图 2-1-3　图形单位对话框

指定下一点或［闭合(C)/放弃(U)］:c　　　　　　　　　　（选择闭合，输入 C，回车）

完成矩形绘制

② 直线命令，操作如下：

命令:_line 指定第一点:　　　　　　　　　（矩形内适当位置指定图形左下角点）

指定下一点或［放弃(U)］:15　　　（极轴打开状态，向右捕捉到 X 轴输入 15）

指定下一点或［放弃(U)］:10　　　（极轴打开状态，向上捕捉到 Y 轴输入 10）

指定下一点或［闭合(C)/放弃(U)］:30　　　（极轴打开状态，向右捕捉到 X 轴输入 30）

指定下一点或［闭合(C)/放弃(U)］:10　　　（极轴打开状态，向下捕捉到 Y 轴输入 10）

指定下一点或［闭合(C)/放弃(U)］:15　　　（极轴打开状态，向右捕捉到 X 轴输入 15）

指定下一点或［闭合(C)/放弃(U)］:25　　　（极轴打开状态，向上捕捉到 Y 轴输入 25）

指定下一点或［闭合(C)/放弃(U)］:@-10,15　（DYN 打开状态，直接输入-10,15）

指定下一点或［闭合(C)/放弃(U)］:40　　　（极轴打开状态，向左捕捉到 X 轴输入 40）

指定下一点或［闭合(C)/放弃(U)］:@-10,-15

　　　　　　　　　　　　　　　　　　　（DYN 打开状态，直接输入-10,-15）

指定下一点或［闭合(C)/放弃(U)］:c　　　　　　　　　　（选择闭合，输入 C，回车）

完成图形绘制，如图 2-1-4 所示图形。

第 4 步:图形显示。

使图形充满屏幕的方法有:

① 单击"标准"工具栏中全部缩放的图标按钮  。

② 执行菜单"视图"|"缩放"|"全部"命令。

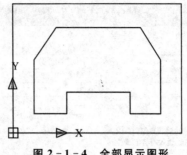

图 2 - 1 - 4 全部显示图形

③ 在命令行输入"z"或"zoom",回车;再输入"a"或"all",回车。

第 5 步:保存文件。

单击"文件"|"另存"。

 模仿练习

按照 1∶1 比例,抄画图 2 - 1 - 5 所示的图形。

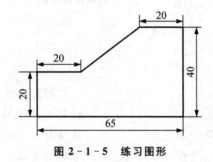

图 2 - 1 - 5 练习图形

 技能拓展

在幅面为 A3 图纸上按 1∶1 比例,绘制图 2 - 1 - 6 所示的各图形。

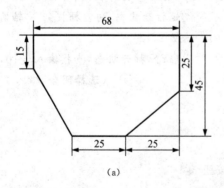

(a)

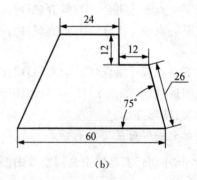

(b)

图 2 - 1 - 6

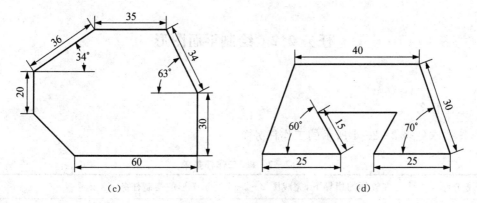

(c)   (d)

图 2-1-6 练习图形

 考核评价

AutoCAD 操作基础考核评价单			
评价项目	评价内容	分值	得分
图形单位	长度类型:小数	15	
	长度精度:0.00		
	角度类型:十进制度数		
	角度精度:0.0		
	插入比例单位:毫米		
图形界限	图形界限符合基本幅面尺寸	15	
	图形界限左下角点坐标(0,0)		
图形绘制	图形绘制正确	60	
	不漏线、多线		
保存文件	图形充满屏幕	10	
	文件名、路径正确		
综合评价		100	

任务 2.2 绘制平面图形

 工作任务

具体要求见表 2-2-1 所示的工作任务单。

表 2-2-1 工作任务单

任务介绍	在教师的指导下,完成图 2-2-1 所示图形的绘制任务		
任务要求	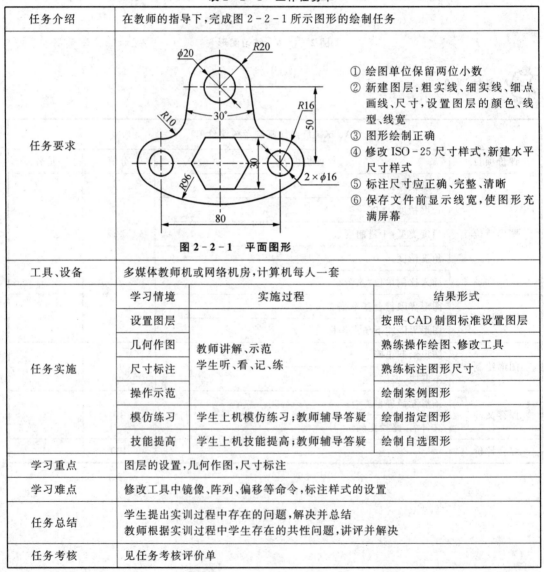 图 2-2-1 平面图形	① 绘图单位保留两位小数 ② 新建图层:粗实线、细实线、细点画线、尺寸,设置图层的颜色、线型、线宽 ③ 图形绘制正确 ④ 修改 ISO-25 尺寸样式,新建水平尺寸样式 ⑤ 标注尺寸应正确、完整、清晰 ⑥ 保存文件前显示线宽,使图形充满屏幕	
工具、设备	多媒体教师机或网络机房,计算机每人一套		
任务实施	学习情境	实施过程	结果形式
	设置图层	教师讲解、示范 学生听、看、记、练	按照 CAD 制图标准设置图层
	几何作图		熟练操作绘图、修改工具
	尺寸标注		熟练标注图形尺寸
	操作示范		绘制案例图形
	模仿练习	学生上机模仿练习;教师辅导答疑	绘制指定图形
	技能提高	学生上机技能提高;教师辅导答疑	绘制自选图形
学习重点	图层的设置,几何作图,尺寸标注		
学习难点	修改工具中镜像、阵列、偏移等命令,标注样式的设置		
任务总结	学生提出实训过程中存在的问题,解决并总结 教师根据实训过程中学生存在的共性问题,讲评并解决		
任务考核	见任务考核评价单		

 **知识链接**

2.2.1 设置图层

2.2.1.1 调用图层特性管理器的方法

(1)单击"图层"工具栏中的图标按钮 ![图标] 。

(2)执行菜单"格式"|"图层"命令。

(3)在命令行输入"la"或"layer",回车。

2.2.1.2 创建图层的方法

第1步:执行图层命令,打开"图层特性管理器"对话框。

第2步:在"图层特性管理器"对话框中,单击"新建图层"的按钮 ![图标] ,在图层列表中新的图层名称为"图层1",并采用默认的图层特性。

第3步:输入新的图层名,如"细点画线"。

第4步:设置图层特性。

第5步:单击【确定】,退出对话框。

2.2.1.3 设置图层特性的方法

(1)设置图层颜色 步骤如下:

第1步:单击需要设置颜色的图层颜色的色块图标或颜色名,如图2-2-2所示,打开"选择颜色"对话框。

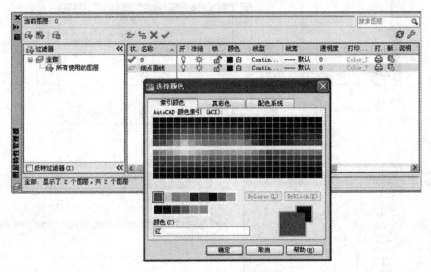

图2-2-2 设置图层颜色

第2步:在"索引颜色"选项卡中选择所需颜色,如"红色"。

第3步:单击【确定】,返回"图层特性管理器"对话框,完成图层颜色设置,如图2-2-3所示。

图 2-2-3　完成颜色设置

（2）设置图层线型　步骤如下：

第1步：单击需要设置线型的图层线型名，细点画线层的线型"Continuous"如图2-2-4所示。打开"选择线型"对话框，单击【加载】，弹出"加载或重载线型"对话框，如图2-2-5所示。

第2步：在"可用线型"列表中选择所需线型，如"center"，如图2-2-5所示。

第3步：单击【确定】，返回"选择线型"对话框，选择加载的线型"center"，如图2-2-6所示。

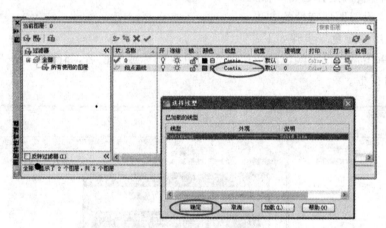

图 2-2-4　加载线型

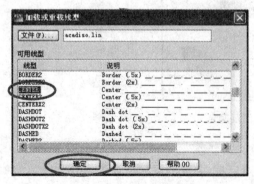

图 2-2-5　加载或重载线型对话框

图 2-2-6　选择线型对话框

第4步:单击【确定】,返回"图层特性管理器"对话框,完成线型设置,如图2-2-7所示。

图2-2-7 完成线型设置

(3)设置图层的线宽　步骤如下:

第1步:单击需要设置线宽的图层线宽列表的线宽,粗实线如图2-2-8所示,打开"线宽"对话框。

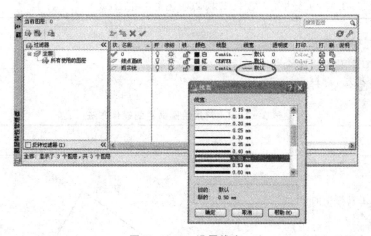

图2-2-8 设置线宽

第2步:在"线宽"列表中选择所需线宽,如"0.5 mm",单击【确定】,返回"图层特性管理器"对话框,完成线宽设置,如图2-2-9所示。

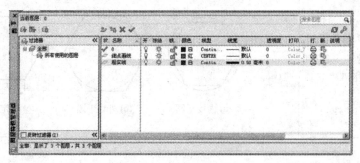

图2-2-9 完成线宽设置

2.2.1.4 常用图层及其特性

绘图常用图层及其特性见表 2-2-2。

表 2-2-2 常用图层及其特性

层号	名　称	图　例	线型	颜色	线宽
01	粗实线	━━━━━━━	Continuous	白色	b
02	细实线	───────	Continuous	绿色	b/2
03	粗虚线	━ ━ ━ ━	Dashed	黄色	b
04	细虚线	─ ─ ─ ─	Dashed	黄色	b/2
05	细点画线	─ · ─ · ─	Center	红色	b/2
06	粗点画线	━ · ━ · ━	Center	棕色	b
07	细双点画线	─ · · ─ · · ─	Phantom	粉红色	b/2

线宽 b 取值：0.25、0.35、0.5[①]、0.7[①]、1、1.4、2（①优先选用的线宽）

2.2.2 几何作图

2.2.2.1 常用的绘图命令

常用绘图命令及用法见表 2-2-3。

表 2-2-3 常用绘图命令的操作方法

命令执行方式	应　用
直线 1. 单击"绘图"工具栏中的图标按钮 ✏ 2. 单击菜单"绘图"|"直线" 3. 命令行输入"L"或"line"	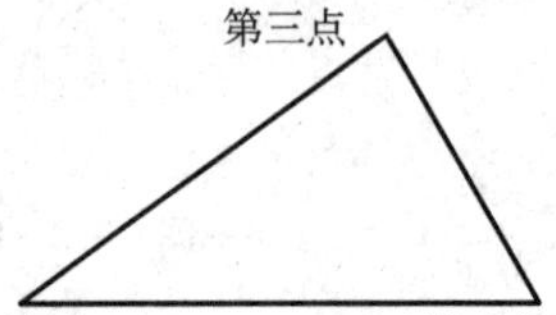 第三点　起点　第二点
正多边形 1. 单击"绘图"工具栏中的图标按钮 ⬠ 2. 单击菜单"绘图"|"正多边形" 3. 命令行输入"polygon"	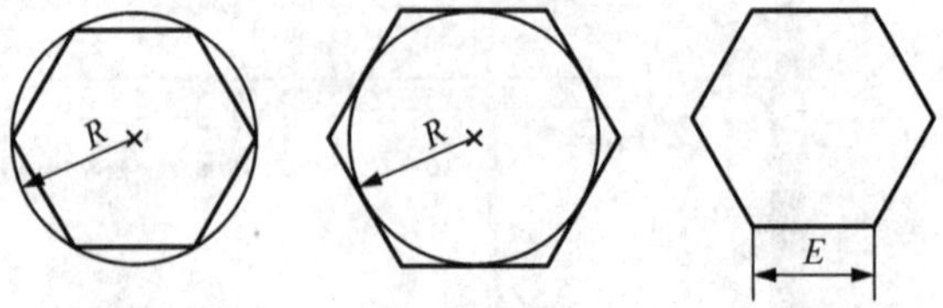 (a) 内接于圆　(b) 外切于圆　(c) 给定边长

命令执行方式	应　用
矩形 1. 单击"绘图"工具栏中的图标按钮 ▭ 2. 单击菜单"绘图"｜"矩形" 3. 命令行输入"rectang"	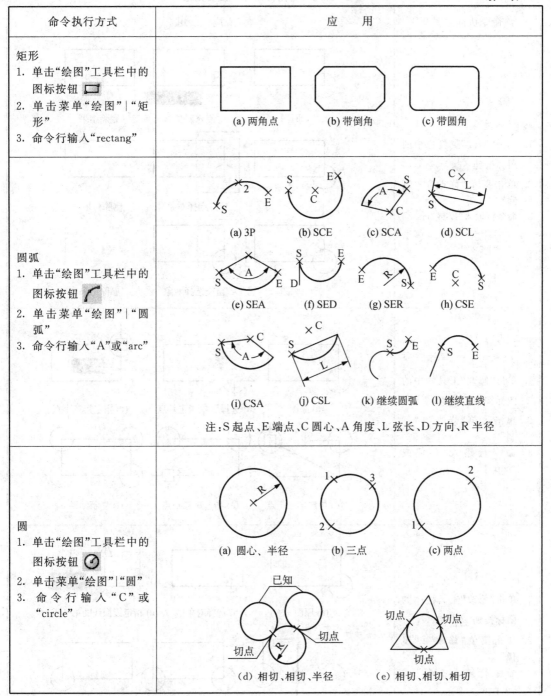 (a) 两角点　　　(b) 带倒角　　　(c) 带圆角
圆弧 1. 单击"绘图"工具栏中的图标按钮 ╱ 2. 单击菜单"绘图"｜"圆弧" 3. 命令行输入"A"或"arc"	(a) 3P　　(b) SCE　　(c) SCA　　(d) SCL (e) SEA　　(f) SED　　(g) SER　　(h) CSE (i) CSA　　(j) CSL　　(k) 继续圆弧　　(l) 继续直线 注:S 起点、E 端点、C 圆心、A 角度、L 弦长、D 方向、R 半径
圆 1. 单击"绘图"工具栏中的图标按钮 ◔ 2. 单击菜单"绘图"｜"圆" 3. 命 令 行 输 入 "C" 或 "circle"	(a) 圆心、半径　　(b) 三点　　(c) 两点 (d) 相切、相切、半径　　(e) 相切、相切、相切

2.2.2.2　常用的修改命令
常用修改命令及用法见表 2-2-4。

表2−2−4　常用修改命令及其用法

命令执行方式	应　用
删除 1. 单击"修改"工具栏中的图标按钮 2. 单击菜单"修改"|"删除" 3. 命令行输入"E"或"erase"	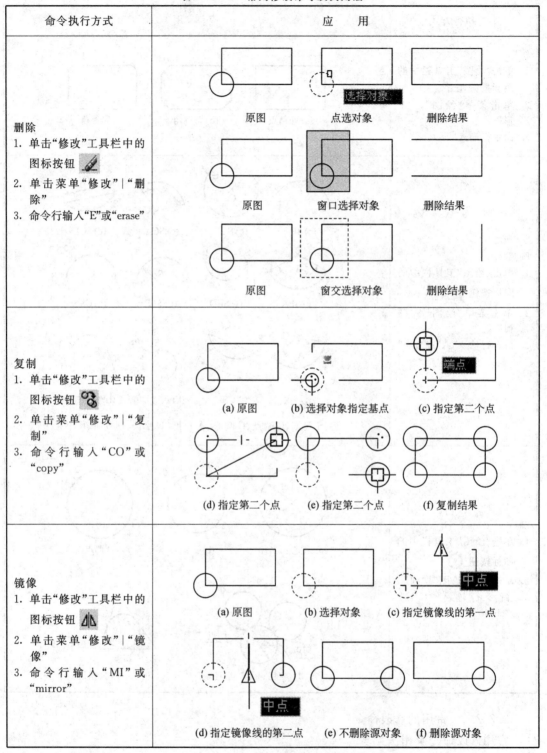
复制 1. 单击"修改"工具栏中的图标按钮 2. 单击菜单"修改"|"复制" 3. 命令行输入"CO"或"copy"	
镜像 1. 单击"修改"工具栏中的图标按钮 2. 单击菜单"修改"|"镜像" 3. 命令行输入"MI"或"mirror"	

删除部分：
原图　　点选对象　选择对象　删除结果
原图　　窗口选择对象　删除结果
原图　　窗交选择对象　删除结果

复制部分：
(a) 原图　　(b) 选择对象指定基点　端点　(c) 指定第二个点
(d) 指定第二个点　(e) 指定第二个点　(f) 复制结果

镜像部分：
(a) 原图　　(b) 选择对象　(c) 指定镜像线的第一点　中点
(d) 指定镜像线的第二点　中点　(e) 不删除源对象　(f) 删除源对象

命令执行方式	应　用
偏移 1. 单击"修改"工具栏中的图标按钮 🔩 2. 单击菜单"修改"|"偏移" 3. 命令行输入"O"或"offset"	要偏移那一侧的点 ✕　　指定通过点 偏移距离　　偏移对象　　偏移对象 (a) 原图　　(b) 偏移距离　　(c) 通过点
阵列 1. 单击"修改"工具栏中的图标按钮 🏁 2. 单击菜单"修改"|"阵列" 3. 命令行输入"AR"或"array"	行偏移　　列偏移 原图　　矩形阵列 原图　　环形阵列
修剪 1. 单击"修改"工具栏中的图标按钮 ✂-- 2. 单击菜单"修改"|"修剪" 3. 命令行输入"TR"或"trim"	修剪前　　矩形为边界修剪 圆为边界修剪　　矩形和圆为边界修剪

命令执行方式	应　　用
倒角 1. 单击"修改"工具栏中的图标按钮 2. 单击菜单"修改"｜"倒角" 3. 命令行输入"CHA"或"chamfer"	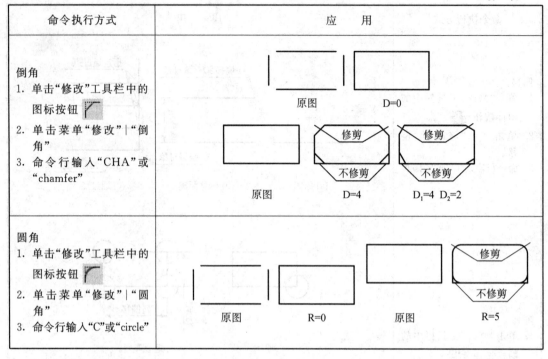
圆角 1. 单击"修改"工具栏中的图标按钮 2. 单击菜单"修改"｜"圆角" 3. 命令行输入"C"或"circle"	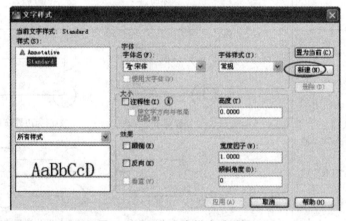

2.2.3　尺寸标注

国家标准《技术制图》与《机械制图》中规定：图样上的汉字应写成长仿宋体，字母和数字可写成斜体或正体，在技术文件中字母和数字一般写成斜体。因此，在尺寸标注之前应对文字样式和尺寸样式进行设置。

2.2.3.1　设置文字样式

第 1 步：单击"格式"｜"文字样式"，弹出"文字样式"对话框，如图 2 - 2 - 10 所示。

图 2 - 2 - 10　文字样式对话框

第2步:单击【新建】,弹出"新建文字样式"对话框,如图2-2-11所示,样式名修改为"汉字"。

图 2-2-11　新建文字样式对话框

第3步:把"使用大字体"复选框中的"√"去掉,在"字体名"下拉菜单中选择" 仿宋_GB2312",设置"宽度比例"为0.7,其他采用默认值,如图2-2-12所示,单击【应用】。

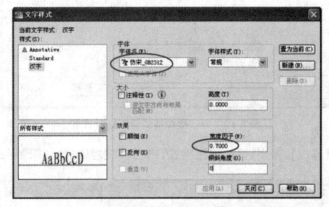

图 2-2-12　修改文字样式对话框—汉字

第4步:单击【新建】,弹出"新建文字样式"对话框,样式名修改为"数字"。

第5步:把"使用大字体"复选框打"√",在"字体名"下拉菜单中选择" gbeitc.shx",在"大字体"下拉菜单中选择" gbcbig.shx",其他采用默认值,如图2-2-13所示,单击【应用】|【关闭】。

图 2-2-13　修改文字样式对话框—字母和数字

2.2.3.2　设置标注样式

第1步：单击"格式"|"标注样式"，弹出"标注样式管理器"对话框，如图2-2-14所示。

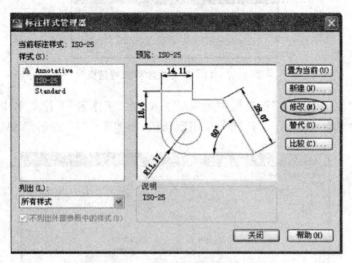

图2-2-14　标注样式管理器对话框

第2步：单击【修改】，弹出"修改标注样式：ISO-25"对话框，如图2-2-15所示。

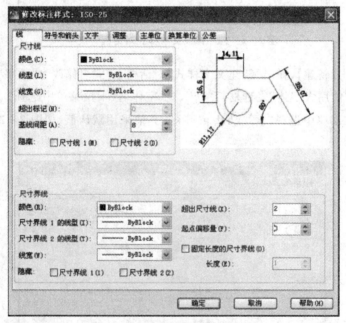

图2-2-15　修改标注样式对话框

第3步：将ISO-25样式参照表2-2-5进行修改，其他选项采用默认。

表 2-2-5 修改 ISO-25 样式选项

序号	选项卡	特性	修改值
1	直线	尺寸线	基线间距:7~10
		尺寸界限	超出尺寸线:2~5
			起点偏移量:0
2	符号箭头	箭头	箭头大小:3~4
3	文字	文字外观	文字样式:尺寸标注
			文字高度:3.5
		文字位置	从尺寸线偏移:1~1.5
		文字对齐	与尺寸线对齐
4	主单位	线性标注	单位格式:小数
			精度:0.0
			小数分隔符:句点

2.2.3.3 新建标注样式

在 ISO-25 样式的基础上,新建"水平标注"、"线性直径标注"样式,修改特性见表 2-2-6。

表 2-2-6 新建标注样式并修改特性

序号	新建标注样式	修改特性	图例
1	水平标注	文字选项卡中"文字对齐":水平	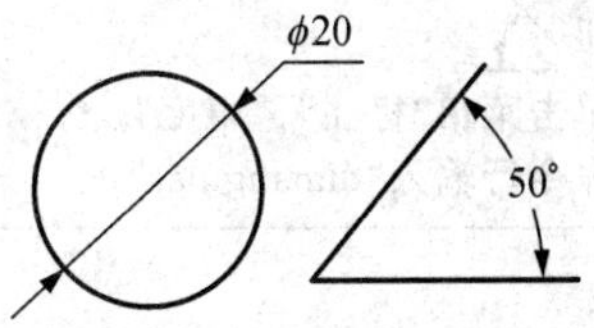
2	线性直径标注	主单位选项卡中"线性标注",前缀:%%c	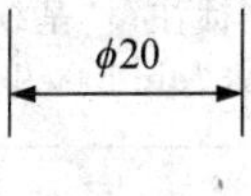

2.2.3.4 常见尺寸标注命令

常见尺寸标注命令及其用法,见表 2-2-7。

表 2-2-7　常见尺寸标注命令及其用法

命令执行方式	应　用
线性 1. 单击"标注"工具栏中的图标按钮 ⊢⊣ 2. 单击菜单"标注"|"线性" 3. 命令行输入"dimlinear"	
对齐 1. 单击"标注"工具栏中的图标按钮 ◥ 2. 单击菜单"标注"|"对齐" 3. 命令行输入"dimaligned"	
半径 1. 单击"标注"工具栏中的图标按钮 ◉ 2. 单击菜单"标注"|"半径" 3. 命令行输入"dimradius"	
直径 1. 单击"标注"工具栏中的图标按钮 ⬡ 2. 单击菜单"标注"|"直径" 3. 命令行输入"dimdiameter"	
角度 1. 单击"标注"工具栏中的图标按钮 ⌳ 2. 单击菜单"标注"|"角度" 3. 命令行输入"dimangular"	
基线 1. 单击"标注"工具栏中的图标按钮 ⊢⊣ 2. 单击菜单"标注"|"基线" 3. 命令行输入"dimbaseline"	
继续 1. 单击"标注"工具栏中的图标按钮 ⊩⊩ 2. 单击菜单"标注"|"继续" 3. 命令行输入"dimcontinue"	

**任务实施**

完成图 2-2-1 所示的平面图形绘制,操作如下。

第 1 步:设置图层。

设置新图层,并设置其颜色、线型、线宽,如图 2-2-2～图 2-2-9 所示。

第 2 步:绘图。

完成图 2-2-1 所示平面图形,绘图步骤如图 2-2-16 所示。

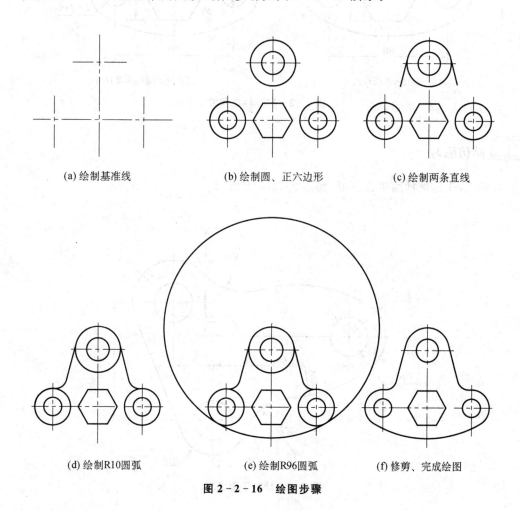

图 2-2-16　绘图步骤

第 3 步:标注尺寸。

按照表 2-2-5 修改 ISO-25 标注样式,按照表 2-2-6 新建水平标注样式,标注尺寸如图 2-2-17 所示。

第 4 步:检查、保存文件。

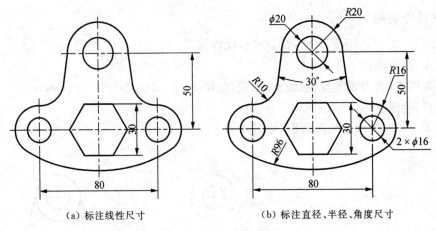

(a) 标注线性尺寸   (b) 标注直径、半径、角度尺寸

图 2-2-17 标注尺寸

 模仿练习

按照 1:1 比例抄画平面图形,如图 2-2-18 所示。

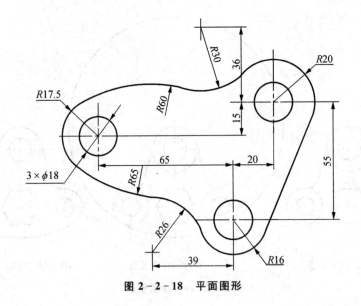

图 2-2-18 平面图形

 技能拓展

在幅面为 A3 的图纸上按 1:1 比例,绘制图 2-2-19 所示的各图形。

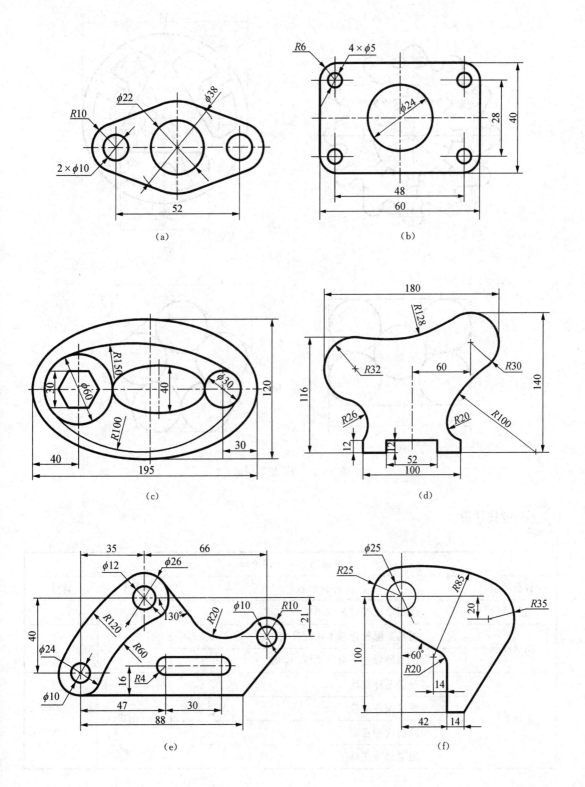

（a）

（b）

（c）

（d）

（e）

（f）

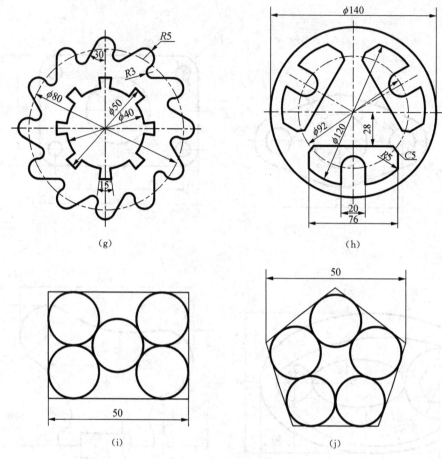

(g) (h)

(i) (j)

图 2-2-19　练习图形

 考核评价

平面图形考核评价单			
评价项目	评价内容	分值	得分
图形单位	绘图单位保留两位小数	5	
图形界限	图形界限符合基本幅面尺寸	5	
	图形界限左下角点坐标(0，0)		
图层	图层名称正确	10	
	图层颜色正确		
	图层线型正确		
	图层线宽正确		

评价项目	评价内容	分值	得分
平面图形	图形基准线（中心线）完整	40	
	已知线段绘制正确		
	中间线段绘制正确		
	连接线段绘制正确		
	细点画线超出轮廓线 2～5 mm		
尺寸标注	基础样式参数设置合理	35	
	新建样式修改特性正确		
	标注正确、完整、清晰		
保存文件	显示线宽	5	
	图形充满屏幕		
	文件名、路径正确		
综合评价		100	

任务 2.3　绘制三视图

工作任务

具体要求见表 2-3-1 所示的工作任务单。

表 2-3-1　工作任务单

任务介绍	在教师的指导下,完成图 2-3-1 所示图形的绘制任务
任务要求	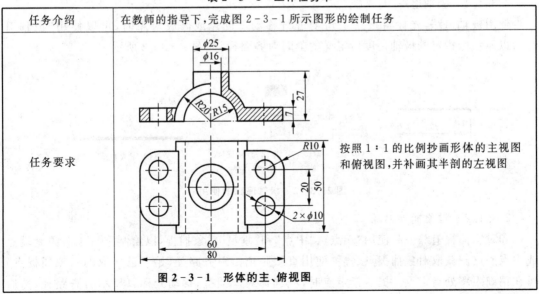

图 2-3-1　形体的主、俯视图

按照 1：1 的比例抄画形体的主视图和俯视图,并补画其半剖的左视图

工具、设备	多媒体教师机或网络机房,计算机每人一套		
	学习情境	实施过程	结果形式
任务实施	自动追踪功能	教师讲解;学生听、看、记	绘制三视图长对正、高平齐、宽相等
	图案填充	教师讲解;学生听、看、记	填充金属材料和非金属材料剖面线
	操作示范	教师操作示范;学生听、看、记	绘制案例图形
	模仿练习	学生上机练习;教师辅导答疑	绘制指定图形
	技能提高	学生上机技能提高;教师辅导答疑	绘制自选图形
学习重点	三视图绘制方法,图案填充		
学习难点	临时追踪,剖视图标注		
任务总结	学生提出实训过程中存在的问题,并解决、总结 教师根据实训过程中学生存在的共性问题,讲评并解决		
任务考核	见任务考核评价单		

知识链接

2.3.1　自动追踪功能

使用自动追踪(极轴追踪和对象捕捉追踪)时,可以使绘图更准确、更快捷。

2.3.1.1　极轴追踪

使用极轴追踪,光标将按指定角度进行移动。创建或修改对象时,可以使用"极轴追踪",以显示由指定的极轴角度所定义的临时对齐路径,如图 2 - 3 - 2 所示。

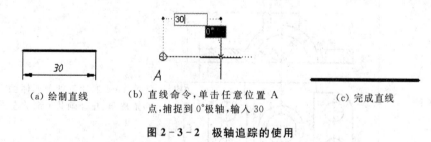

(a) 绘制直线　　　(b) 直线命令,单击任意位置 A　　　(c) 完成直线
　　　　　　　　　点,捕捉到 0°极轴,输入 30

图 2 - 3 - 2　极轴追踪的使用

2.3.1.2　对象捕捉追踪

和对象捕捉追踪一起使用"端点"、"中点"和"垂足"对象捕捉,以绘制垂直于对象到端点或中点的点。获取对象捕捉点之后,使用直接距离沿对齐路径(始于已获取的对象捕捉点)可在精确距离处指定点。提示指定点时,应选择对象捕捉,移动光标以显示对齐路径,然后

在命令提示下输入距离。

极轴追踪、对象捕捉和对象捕捉追踪一起使用,在绘制三视图时能够快速、准确地保证长对正、高平齐,如图2-3-3所示。

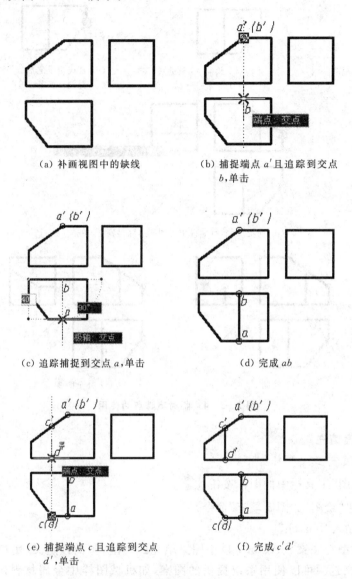

(a) 补画视图中的缺线

(b) 捕捉端点 a' 且追踪到交点 b,单击

(c) 追踪捕捉到交点 a,单击

(d) 完成 ab

(e) 捕捉端点 c 且追踪到交点 d',单击

(f) 完成 $c'd'$

图 2-3-3　极轴追踪、对象捕捉和对象捕捉追踪功能

2.3.1.3　参考点捕捉追踪

与临时追踪点一起使用对象捕捉追踪,在提示输入点时,单击临时追踪点 ▬○ ,然后指定一个临时追踪点,该点上将出现一个小的加号"+"。移动光标将相对于这个临时点显示自动追踪对齐路径。该操作能够快速、准确地保证俯、左视图宽相等,如图2-3-4所示。

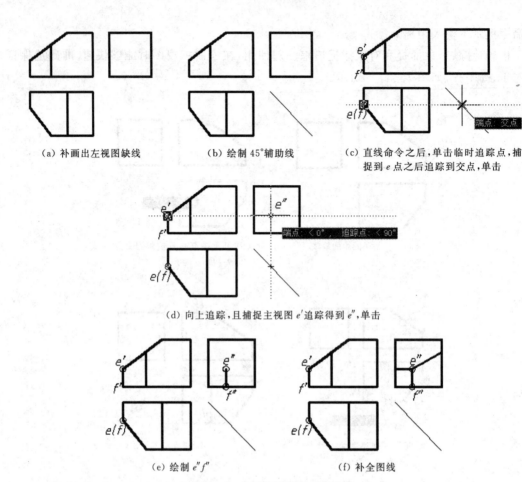

(a) 补画出左视图缺线　　　　(b) 绘制45°辅助线　　　　(c) 直线命令之后，单击临时追踪点，捕捉到 e 点之后追踪到交点，单击

(d) 向上追踪，且捕捉主视图 e′ 追踪得到 e″，单击

(e) 绘制 e″f″　　　　　　　　　(f) 补全图线

图 2-3-4　临时追踪点的使用

2.3.2　图案填充

(1) 执行命令方式　操作如下：

① 单击"绘图"工具栏中的图标按钮 ▨ 。

② 单击菜单"绘图"|"图案填充"命令。

③ 命令行输入"bhatch"。

(2) 填充类型与图案　AutoCAD 中图案填充的类型，包括预定义、用户定义、自定义 3 种。其中，预定义选项可以使用系统提供的图案，如机械图样中金属材料剖面线一般选择"ANSI31"、非金属材料剖面线选择"ANSI37"，如图 2-3-5 所示。

(3) 填充方式　填充方式是指定最外层填充边界内填充对象的方法。如果没有选定内部对象，指定的填充样式无效。因为可以定义精确的边界集，所以一般情况下最好使用"普通"样式，如图 2-3-6 所示。

(4) 图案编辑　双击填充的图案，进入"图案编辑"对话框，编辑修改填充图案的各种特性和内容，如图 2-3-7 所示。

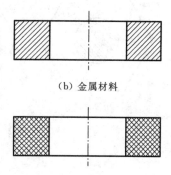

（b）金属材料

（c）非金属材料

（a）图案填充和渐变色对话框

图 2 - 3 - 5　机械图样常用的剖面线图案

 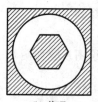 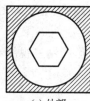 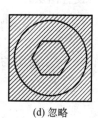

(a) 填充前　　　　(b) 普通　　　　(c) 外部　　　　(d) 忽略

图 2 - 3 - 6　图案填充方式

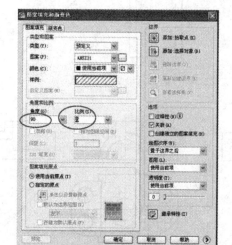

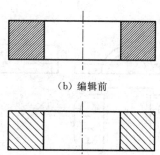

（b）编辑前

（a）图案填充编辑对话框　　　　（c）编辑角度和比例后

图 2 - 3 - 7　图案填充编辑

（5）图案填充关联　是指填充的图案在修改其边界时随之更新,如图 2-3-8 所示。系统默认为关联设置。

（a）边界修改前　　　（b）边界修改后—关联　　　（c）边界修改后—不关联

图 2-3-8　图案填充关联

任务实施

完成图 2-3-1 所示图形的三视图绘制,操作如下。

第 1 步:设置图层。

设置粗实线、细实线、细点画线、虚线等图层。

第 2 步:绘图。

按照图 2-3-1 所示的图形绘制三视图,绘图步骤如图 2-3-9 所示。

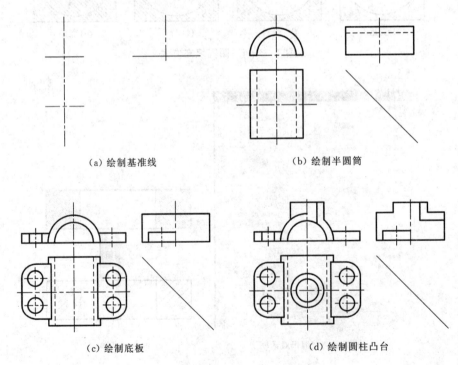

（a）绘制基准线　　　　　　　　　　　　（b）绘制半圆筒

（c）绘制底板　　　　　　　　　　　　（d）绘制圆柱凸台

图 2-3-9

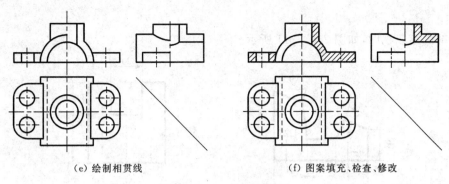

（e）绘制相贯线　　　　　　　　　　　　　（f）图案填充、检查、修改

图 2 - 3 - 9　绘制三视图

 模仿练习

按照 1∶1 的比例抄画形体的主视图和俯视图，如图 2 - 3 - 10 所示，并补画其半剖的左视图。

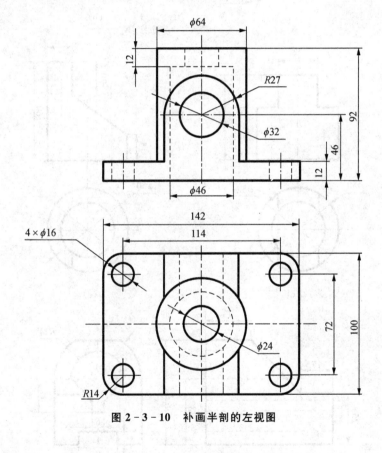

图 2 - 3 - 10　补画半剖的左视图

 技能拓展

在幅面为 A3 的图纸上按 1∶1 比例，绘制图 2 - 3 - 11 所示图形。

① 补画第三视图,如图 2-3-11 所示。

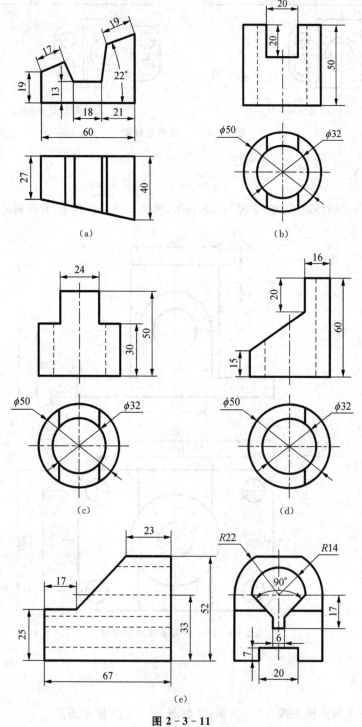

图 2-3-11

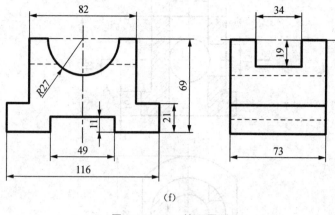

(f)

图 2-3-11 练习图形

② 补画全剖的左视图,如图 2-3-12 所示。

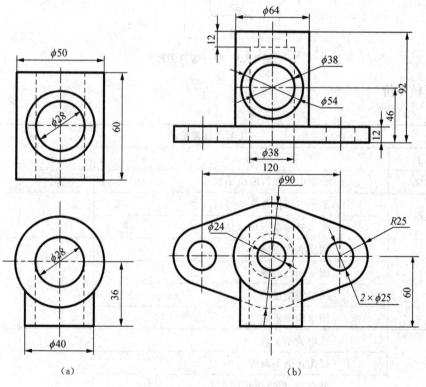

(a)　　　　　　　　　　(b)

图 2-3-12 练习图形

③ 补画半剖的左视图,如图 2-3-13 所示。

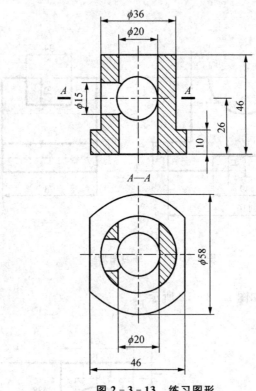

图 2 - 3 - 13   练习图形

 考核评价

三视图考核评价单			
评价项目	评价内容	分值	得分
图形单位	绘图单位保留两位小数	5	
图形界限	图形界限符合基本幅面尺寸	5	
	图形界限左下角点坐标(0，0)		
图层	图层名称正确	10	
	图层颜色正确		
	图层线型正确		
	图层线宽正确		
图形	投影关系正确	40	
	视图正确不漏线		
	截交线、相贯线正确		
	中心线正确		
	剖面线方向、间距一致		

评价项目	评价内容	分值	得分
尺寸标注	基础样式参数设置合理	35	
	新建样式修改特性正确		
	标注正确、完整、清晰		
保存文件	显示线宽	5	
	图形充满屏幕		
	文件名、路径正确		
综合评价		100	

任务 2.4　绘制零件图

**工作任务**

具体要求见表 2-4-1 所示的工作任务单。

表 2-4-1　工作任务单

任务介绍	在教师的指导下,完成图 2-4-1 所示轴零件图的绘制任务
任务要求	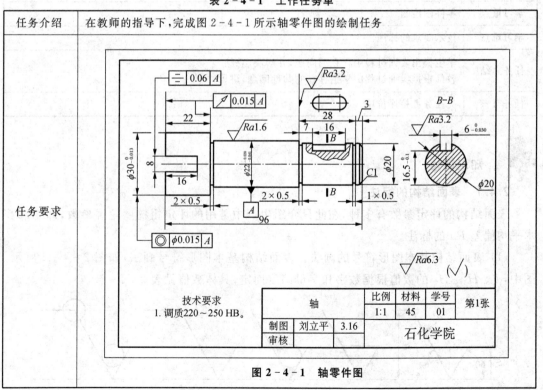

图 2-4-1　轴零件图

	① 按 1∶1 的比例抄画轴的零件图 ② 标注轴的尺寸和表面结构等技术要求 ③ 不同图线放在不同的图层,尺寸标注必须放在单独的图层上 ④ 绘制图框和标题栏,填写标题栏内容		
工具设备	多媒体教师机或网络机房,计算机每人一套		
任务实施	学习情境	实施过程	结果形式
	表面结构标注	教师讲解、示范 学生听、看、记、练	绘制表面结构基本符号、定义属性、创建块、插入块
	尺寸公差标注		线性尺寸中多行文字:输入公差值、选择、堆叠
	形位公差标注		绘制基准符号,引线标注中公差标注
	标题栏和技术要求的填写		设置文字样式,注写文字
	操作示范		绘制案例图形
	模仿练习	学生上机模仿练习 教师辅导答疑	绘制指定图形
	技能提高	学生上机技能提高 教师辅导答疑	绘制自选图形
学习重点	零件图绘制		
学习难点	技术要求的标注		
任务总结	学生提出实训过程中存在的问题,并解决、总结 教师根据实训过程中学生存在的共性问题,讲评并解决		
任务考核	见任务考核评价单		

知识链接

2.4.1　表面结构的标注

表面结构的评定参数有多种,在此只介绍生产中常用的评定粗糙度轮廓参数,即轮廓算术平均偏差 Ra 的标注。

(1)表面结构基本图形符号的画法　表面结构基本图形符号画法,如图 2-4-2 所示。图中,d'、H_1、H_2 的数值根据数字和字母高度而定,具体数值见表 2-4-2。

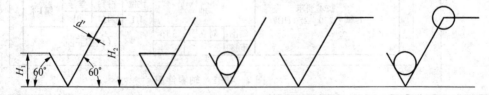

图 2-4-2　表面结构基本图形符号

表 2 - 4 - 2　表面结构尺寸(摘自 GB/T 131—2006)　　　　　　　单位:mm

数字和字母高度 h	2.5	3.5	5	7	10	14	20
符号线宽 d'	0.25	0.35	0.5	0.7	1	1.4	2
字母线宽							
高度 H_1	2.5	5	7	10	14	20	28
高度 H_2(最小值)*	7.5	10.5	15	21	30	42	60
* H_2 取决于标注内容							

(2)表面结构代号标注方法　　表面结构代号在零件图中出现较多,为了提高绘图速度,一般将表面结构符号制作成图块,用插入块进行标注。

第1步:画出完整图形符号,标注参数代号,如图 2 - 4 - 3(a)所示。

第2步:将参数值定义属性。单击"绘图"|"块"|"定义属性",弹出图 2 - 4 - 4 所示"属性定义"对话框,进行块属性定义,结果如图 2 - 4 - 3(b)所示。

(a) 图形符号、参数代号　　(b) 定义属性　　(c) 拾取插入基点　　(d) 创建块结果

图 2 - 4 - 3　创建表面结构块

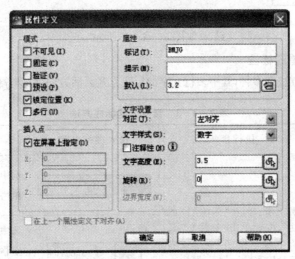

图 2 - 4 - 4　块属性定义

第3步:创建块。单击"绘图"|"块"|"创建块"或者单击"绘图"工具条中命令按钮 ，打开"块定义"对话框。输入块名称;拾取插入基点,如图 2 - 4 - 3(c)所示;选择图形和属性为对象创建成块,结果如图 2 - 4 - 3(d)所示。

第4步:插入块。单击"插入"|"块"或者单击"绘图"工具条中命令按钮 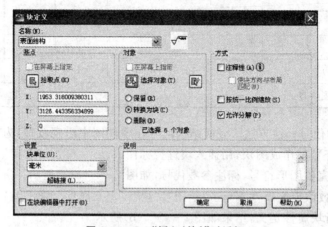,打开"插入'块'"对话框,如图2-4-5所示。

图2-4-5 "插入'块'"对话框

命令:_insert
指定插入点或[基点(B)/比例(S)/X/Y/Z/旋转(R)]:
　　　　　　　　　　　　　　　　　　　　　(在屏幕上指定插入点)
指定旋转角度〈0〉:90　　　　　　　　　　　　　　　　　(输入90)
输入属性值
BMJG〈2.2〉:12.5　　　　　　　　　　　　　　　　　(输入12.5)
结果如图2-4-6所示。

图2-4-6 块插入

2.4.2 尺寸公差的标注

尺寸公差的标注方法有多种,其中多行文字的标注方式灵活方便,可推荐使用,见表2-4-3。

表2-4-3 尺寸公差标注方法

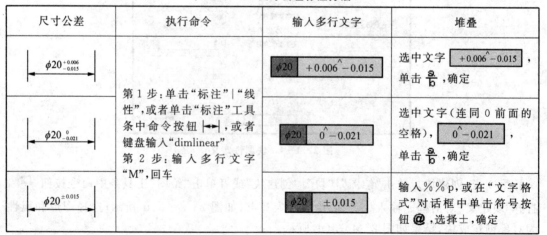

尺寸公差	执行命令	输入多行文字	堆叠
$\phi20^{+0.006}_{-0.015}$	第1步:单击"标注"|"线性",或者单击"标注"工具条中命令按钮 ⊢⊣ ,或者键盘输入"dimlinear" 第2步:输入多行文字"M",回车	$\phi20$ ＋0.006^－0.015	选中文字 ＋0.006^－0.015 ,单击 ，确定
$\phi20^{0}_{-0.021}$		$\phi20$ 0^－0.021	选中文字(连同0前面的空格) 0^－0.021 ,单击 ，确定
$\phi20^{\pm0.015}$		$\phi20$ ±0.015	输入％％p,或在"文字格式"对话框中单击符号按钮 @ ,选择±,确定

2.4.3 形位公差的标注

（1）基准要素的标注　基准符号也可参照表面结构创建块,如图 2-4-7 所示。

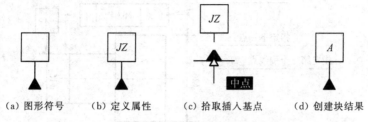

(a) 图形符号　　(b) 定义属性　　(c) 拾取插入基点　　(d) 创建块结果

图 2-4-7　形位公差基准

（2）被测要素的标注　被测要素采用快速引线标注。

命令：_qleader

指定第一个引线点或［设置(S)］〈设置〉:(回车,弹出"引线设置"对话框,选择注释类型为公差,如图 2-4-8 所示,单击【确定】,弹出"形位公差"对话框,选择符号,输入公差和基准,如图 2-4-9 所示,单击【确定】)

指定第一个引线点或［设置(S)］〈设置〉：　　　　　　　　　(在图形中适当位置单击)

指定下一点：　　　　　　　　　　　　　　　　　　　　　(在屏幕中适当位置单击)

指定下一点：　　　　　　　　　　　　　　　　　　　　　(在屏幕中适当位置单击)

结束命令,如图 2-4-10 所示。

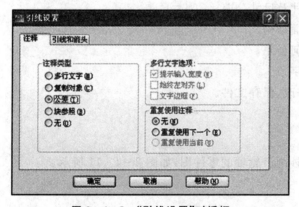

图 2-4-8　"引线设置"对话框

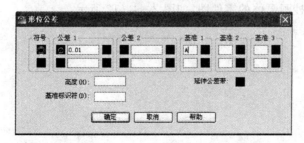

图 2-4-9　"形位公差"对话框

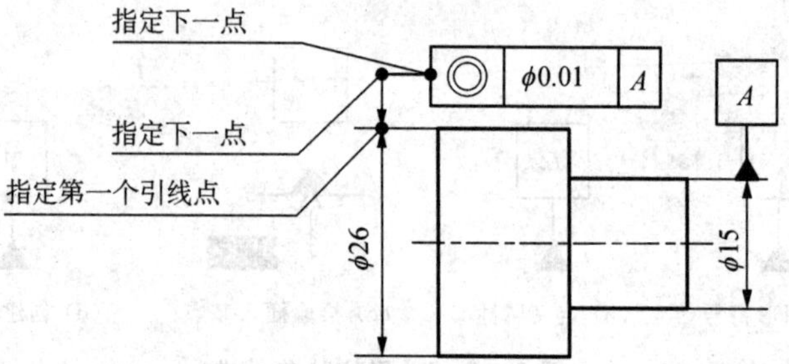

指定下一点

指定下一点

指定第一个引线点

$\phi 0.01$ A

A

$\phi 26$ $\phi 15$

图 2-4-10   形位公差标注

任务实施

完成图 2-4-1 所示轴零件图的绘制,操作步骤如下:

第 1 步:设置图层。

第 2 步:设置文字样式和标注样式。

第 3 步:绘制图框和标题栏。

第 4 步:绘制视图。

第 5 步:标注尺寸及尺寸公差。

第 6 步:标注表面结构。

第 7 步:标注几何公差。

第 8 步:注写文字。

第 9 步:检查、修改,保存文件。

模仿练习

按 1:1 的比例抄画齿轮轴的零件图,如图 2-4-11 所示。

技能拓展

按 1:1 的比例抄画泵体的零件图,如图 2-4-12 所示。

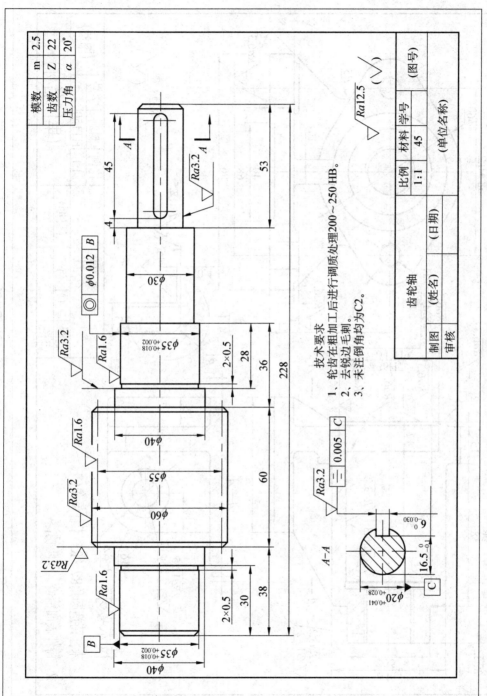

模数	m	2.5
齿数	Z	22
压力角	α	20°

技术要求
1. 轮齿在粗加工后进行调质处理200~250 HB。
2. 去锐边毛刺。
3. 未注倒角均为C2。

$\sqrt{Ra12.5}$ $(\sqrt{\quad})$

齿轮轴			比例	材料	学号	(图号)
			1:1	45		
						(单位名称)
制图	(姓名)		(日期)			
审核						

图 2−4−11 齿轮轴零件图

A−A

$\sqrt{Ra3.2}$

| 二 | 0.005 | C |

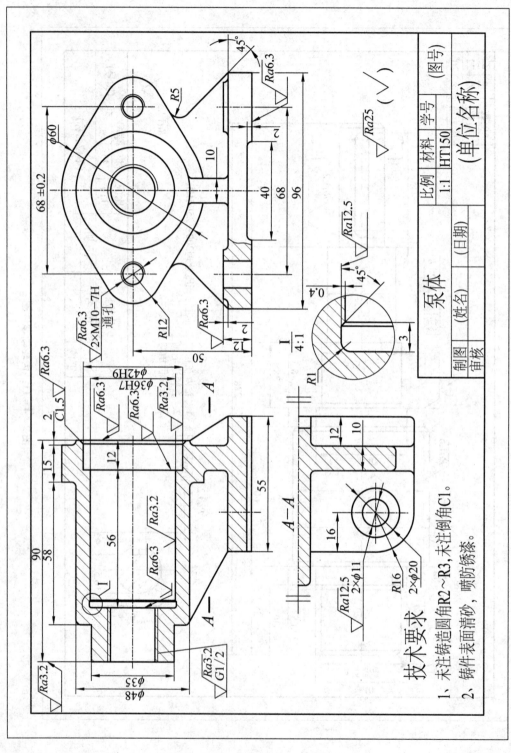

图 2 - 4 - 12 泵体零件图

CAD 绘制零件图考核评价单			
评价项目	评价内容	分值	得分
图层	图层名称正确	5	
	图层颜色正确		
	图层线型正确		
	图层线宽正确		
视图	投影关系正确	45	
	视图正确不漏线		
	截交线、相贯线正确		
	中心线正确		
	剖面线方向、间距一致		
尺寸标注	正确	25	
	完整		
	清晰		
	合理		
技术要求	尺寸公差规范、完整	12	
	表面结构符号规范、齐全		
	形位公差正确		
图框、标题栏文字	图框线型、尺寸正确	8	
	标题栏格式、内容注写正确		
	文字字体、字号正确、完整		
保存文件	显示线宽	5	
	图形充满屏幕		
	文件名、路径正确		
综合评价		100	

任务 2.5　样板文件的使用

工作任务

具体要求见表 2-5-1 所示的工作任务单。

表 2-5-1　工作任务单

任务介绍	在教师的指导下,创建样板文件。		
任务要求	① 创建符合国家标准的 A4、A3、A2、A1、A0 样板文件 ② 要求设置图形界限、绘图单位、图层、文字样式、标注样式、创建常用图块等		
工具、设备	多媒体教师机或网络机房,计算机每人一套		
任务实施	学习情境	实施过程	结果形式
	样板文件的创建	教师讲解 学生听、看、记	创建符合国家标准的 A4、A3、A2、A1、A0 样板文件
	样板文件的调用	教师讲解 学生听、看、记	熟练调用样板文件
	操作示范	教师操作示范 学生听、看、记	绘制案例图形
	模仿练习	学生上机模仿练习 教师辅导答疑	绘制指定图形
学习重点	创建样板文件		
学习难点	文字样式的设置,标注样式的设置,创建块,定义块的属性		
任务总结	学生提出实训过程中存在的问题,解决并总结 教师根据实训过程中学生存在的共性问题,讲评并解决		
任务考核	见任务考核评价单		

知识链接

2.5.1　样板文件的创建内容

样板文件需要创建的内容如下:

(1)设置图形界限。

(2)设置图形单位。

(3)设置图层。

(4)设置文字样式。

（5）设置标注样式。

（6）定义常用图块。

（7）绘制图框、插入标题栏。

（8）保存样板文件。

2.5.2 样板文件的调用

单击下拉菜单"文件"|"新建"，弹出"选择样板"对话框。在"文件类型"下拉列表框中选择"AutoCAD 图形样板（ ＊.dwt）"，输入文件名为"A4 样板"，单击【打开】按钮，如图 2－5－1 所示。

图 2－5－1 "选择样板"对话框

 任务实施

以 A4 幅面为例，介绍创建样板文件的步骤如下。

第 1 步：设置图形界限。

参照任务 2.1，设置 210×297 的图形界限。

第 2 步：设置绘图单位。

参照任务 2.1 中图 2－1－3 所示设置图形单位。

第 3 步：设置图层。

参照任务 2.2 设置图层。

第 4 步：设置文字样式。

参照任务 2.2 创建汉字和数字文字样式。

第 5 步：设置标注样式。

参照任务 2.2，按表 2－2－5 修改 ISO－25 样式选项。

参照任务 2.2，按表 2－2－6 新建标注样式，并修改特性。

第 6 步：定义常用图块。

参照任务 2.4 创建标题栏、表面结构符号、形位公差基准符号等常见图形块。

第 7 步：保存样板文件。

单击下拉菜单"文件"|"另存为"，弹出"图形另存为"对话框。在"文件类型"下拉列表框中选择"AutoCAD 图形样板（ ∗ . dwt）"，输入文件名为"A4 样板"，单击【保存】按钮，弹出"样板说明"对话框，输入相关说明。

 模仿练习

用同样的方法建立 A3、A2、A1、A0 的不同幅面、不同图框格式的样本文件。

 考核评价

样板文件考核评价单			
评价项目	评价内容	分值	得分
图形单位	绘图单位保留两位小数	5	
图形界限	图形界限符合基本幅面尺寸	5	
	图形界限左下角点坐标(0，0)		
图层	图层名称正确	10	
	图层颜色正确		
	图层线型正确		
	图层线宽正确		
文字样式	尺寸标注用	20	
	汉字用		
	符号用		
标注样式	基础样式参数设置合理	20	
	新建样式修改特性正确		
图块	表面结构符号	20	
	形位公差基准符号		
	标题栏		
图框、标题栏	图框尺寸、线型正确	10	
	标题栏格式、内容正确		
保存文件	显示线宽	10	
	图形充满屏幕		
	文件名、格式、路径正确		
综合评价		100	

项目三　常见部件测绘

● **能力目标**

1. 正确使用拆卸工具拆装部件。
2. 熟练徒手绘制零件草图。
3. 正确使用测量工具测量尺寸、正确标注尺寸。
4. 利用计算机熟练绘制零件图、装配图。
5. 具有严格遵守国家标准的意识，运用和贯彻国家标准的能力。

● **知识点**

1. 拆卸装配体的方法。
2. 装配示意图画法。
3. 零部件视图的表达方法。
4. 零部件尺寸测量与标注方法。
5. 计算机绘图方法。

知识链接

部件的测绘就是根据现有的部件(或机器)进行测量、计算，先画出零件草图，再画出零件工作图和装配图的过程。

部件测绘可以按不同的顺序进行测绘，大致分以下几种：

(1) 零件草图→零件工作图→装配图。

(2) 装配草图→零件草图→零件工作图→装配图。

(3) 零件草图→装配图→零件工作图。

(4) 装配草图→零件工作图→装配图。

任务 3.1　齿轮油泵测绘

工作任务

完成齿轮油泵测绘，具体要求见表 3-1-1 所示的工作任务单。

表 3-1-1　工作任务单

任务介绍	在教师的指导下,完成齿轮油泵测绘任务		
任务要求	图 3-1-1　齿轮油泵		① 绘制装配示意图 ② 绘制非标准件零件草图 ③ 绘制零件工作图 ④ 绘制装配图
测绘工具、设备	直尺、内外卡钳、游标卡尺、螺距规、半径规、内六方扳手每组一套,图板、丁字尺、计算机每人一套		
任务实施	学习情境	实施过程	结果形式
	了解部件	教师讲解 学生查阅资料	了解齿轮油泵工作原理 装配关系
	拆卸部件 绘制装配示意图	教师讲解、示范 学生查阅资料、绘图	绘制装配示意图 A4(或 A3)图纸
	绘制零件草图	教师讲解、示范、辅导、答疑 学生查阅资料、徒手绘制 草图、测量、查表、标注尺寸	绘制非标准件所有零件 草图 A4(或 A3)图纸
	AutoCAD 绘制零件图	教师讲解、示范、辅导、答疑 学生计算机绘图	绘制非标准件所有零件 A4(或 A3)图纸
	AutoCAD 绘制装配图	教师讲解、示范、辅导、答疑 学生计算机绘图	绘制装配图 A2 图纸
学习重点	徒手绘制零件草图,测量并标注尺寸,利用 AutoCAD 绘制零件图、装配图		
学习难点	徒手快速绘制零件草图,确定装配图表达方案 AutoCAD 绘制零件图,AutoCAD 绘制装配图		
任务总结	学生提出实训过程中存在的问题,解决并总结 教师根据实训过程中学生存在的共性问题,讲评并解决		
任务考核	见任务考核评价单		

任务实施

3.1.1 了解部件

测绘前,应对齿轮油泵进行全面的了解,通过观察、分析该部件的结构和工作情况,查阅有关齿轮油泵的说明书及相关资料,搞清楚其用途、性能、工作原理、结构特点、零件间的装配关系,以及拆装方法等。

3.1.1.1 齿轮油泵工作原理

齿轮油泵是用来输送润滑油或压力油的一种装置,主要由泵体和两个齿轮轴组成,如图3-1-2所示。工作时,通过齿轮的旋转,右边啮合的轮齿逐渐分开,使空腔体积逐渐扩大,压力降低,形成负压,机油被吸入,随着齿轮的传动,齿隙中的油被带到齿轮啮合区的左边,而左边的轮齿又重新啮合,空腔体积变小,使齿隙中不断挤出的机油成为高压油,并由出口压出,经管道输送到需要润滑的零部件。

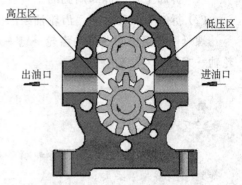

图3-1-2 齿轮油泵工作原理

3.1.1.2 分析齿轮油泵

在对齿轮油泵工作原理进行全面了解之后,要对该部件的结构特点进行分析,以便确定绘图表达方案。

如图3-1-3所示,齿轮油泵由泵体支承一对齿轮轴,为了保障油不外泄,泵体两侧有左、右端盖,端盖与泵体之间各有一垫片以防止漏油,用螺钉联结泵体与泵盖,销钉用于定位。主动齿轮轴由传动齿轮传递动力,之间配有密封零件:填料、轴套、压盖螺母。传动齿轮用键与主动齿轮轴联结,外侧由弹簧垫圈、螺母锁紧。

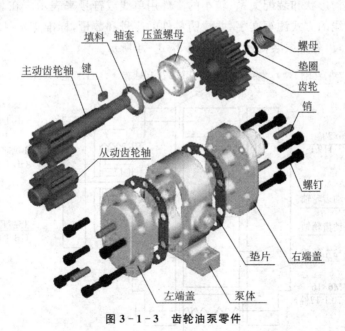

图3-1-3 齿轮油泵零件

3.1.2 拆卸部件,绘制装配示意图

3.1.2.1 拆卸部件

(1)拆卸工具　拆卸用到的工具有活动扳手、内六方扳手、木锤、起子、冲子等。

(2)拆卸方法和顺序　齿轮油泵的拆卸顺序如下:

螺母→弹簧垫圈→传动齿轮→键→压盖螺母→轴套→填料→螺钉→右端盖→垫片→齿轮轴→螺钉→左端盖→垫片。

 **重点提示**

① 在拆卸零件时,要把拆卸顺序弄清楚,并选用适当的工具。注意,不要将小零件如销、键、垫片等丢失。

② 在拆去端盖之后,定位销钉会留在泵体上,可用销钳或尖嘴钳将其拔出或留在泵体上。

3.1.2.2 绘制装配示意图

为了使齿轮油泵被拆后仍能顺利装配复原,在拆卸过程中应尽量做好记录。最简便常用的方法是绘制出装配示意图,用以记录各种零件的名称、数量及其在装配体中的相对位置,以及装配联结关系。同时,也为绘制正式的装配图作好准备。用单线条形象地表示齿轮油泵各零件的结构形状和装配关系,较小的零件用单线或符号来表示。在装配示意图上,将所有零部件用引线的方式注写文字,并注明零件的序号和数量,标准零部件还要写出其规格尺寸及标准编号,齿轮油泵装配示意图如图 3-1-4 所示。

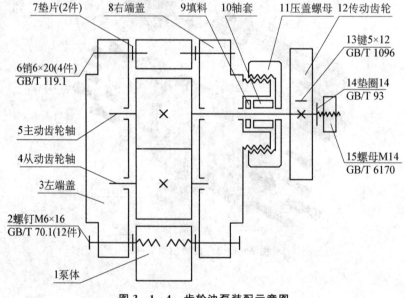

图 3-1-4　齿轮油泵装配示意图

3.1.3 绘制零件草图

通过对部件进行分析,找出标准件和非标准件。虽不画标准件零件草图,但要测出其规格尺寸,并根据其结构和外形,从有关标准中查出它的标准代号,把名称、代号、规格尺寸等填入装配图的明细栏中。

该齿轮油泵零件分类如下:

(1)标准件 包括螺钉、销、螺母、垫圈、键,齿轮油泵标准件表格,见表 3-1-2。

表 3-1-2 齿轮油泵标准件表格

序号	名称	规格	数量	材料	标准号
2	螺钉	M6×16	12	45	GB/T 70.1—2008
6	销	6×20	4	20	GB/T 119—2000
15	螺母	M14	1	45	GB/T 6170—2000
14	垫圈	14	1	65Mn	GB/T 93—1987
13	键	b=5, h=5, L=12	1	45	GB/T 1096—2003

(2)非标准件 有以下几类。

轴套类零件:主动齿轮轴、从动齿轮轴、轴套、压盖螺母。

盘盖类零件:左端盖、右端盖、齿轮、垫片。

箱体类零件:泵体。

绘制所有非标准零件的草图。

3.1.3.1 分析零件,确定表达方案

第1步:了解分析测绘零件。首先了解零件的名称、材料及其在齿轮油泵中的位置和作用,然后对零件的结构、制造方法进行分析。

以左端盖为例讲述分析过程:如图 3-1-5 所示,左端盖由 HT200 铸造而成,属于盘盖类零件。为了支承一对齿轮轴,左端盖上有两个圆柱盲孔;为了与泵体联结,有凸缘结构,其上有 6 个沉孔用螺钉与泵体联结,两个通孔用销钉定位;还有典型的铸造圆角。

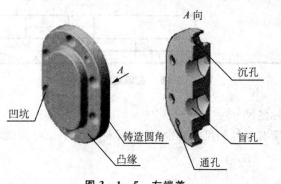

图 3-1-5 左端盖

第2步：确定零件的表达方案。左端盖用主、左视图表达，轴孔平放，以作为主视图的投射方向，并采用全剖视图以表达内部结构；取左视图以表达外部轮廓形状。

3.1.3.2　徒手绘制零件草图

第1步：确定绘图比例。根据零件大小、视图数量、现有图纸大小，确定适当的比例。

第2步：绘制图框和标题栏。

第3步：绘制基准线布置视图。

第4步：徒手画零件草图。

第5步：绘制尺寸界线、尺寸线、箭头。

完成左端盖零件草图，如图3-1-6所示。

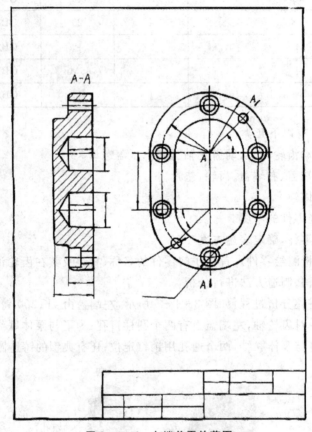

图3-1-6　左端盖零件草图

3.1.3.3　测量、标注尺寸

参照项目一测量所有零件的尺寸，并标注在零件草图中。左端盖零件草图尺寸标注，如图3-1-7所示。

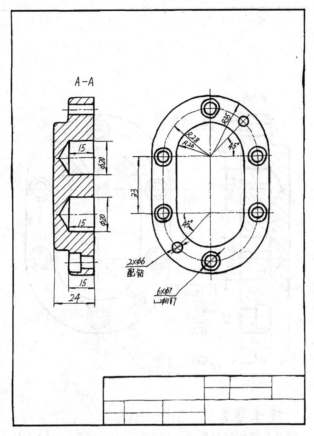

图 3-1-7　左端盖零件草图—尺寸标注

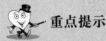 **重点提示**

　　① 测量尺寸时,应正确选择测量基准,以减小测量误差。零件上磨损部位的尺寸,应参考其配合零件的相关尺寸,或参考有关的技术资料予以确定。

　　② 零件间有联结关系或配合关系的部分,它们的基本尺寸应相同。测绘时,只需测出其中一个零件的有关基本尺寸,即可分别标注在两个零件的对应部分上,以确保尺寸的协调。

　　③ 零件上标准化结构,如倒角、圆角、退刀槽、螺纹、键槽、沉孔、销孔等,测量后应查相关手册,选取标准尺寸。其尺寸在图中可以采用简化标注(旁注法),也可采用普通注法进行标注。

3.1.3.4　技术要求的确定

　　参照项目一查阅有关资料,采用类比法确定表面结构,以及尺寸公差、形位公差、材料及热处理等要求,标注如图 3-1-8 所示。

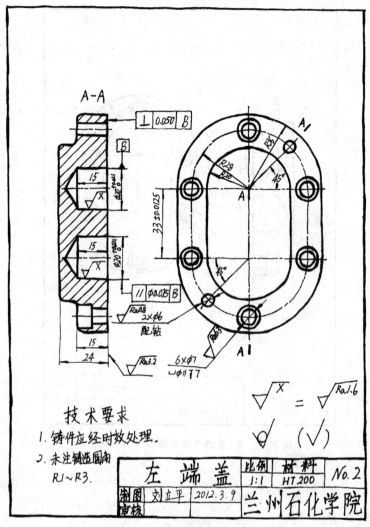

图 3-1-8　左端盖零件草图—技术要求

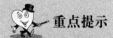　**重点提示**

　　零件的各项技术要求(包括尺寸公差、形状和位置公差、表面结构、材料、热处理及硬度要求等),应根据零件在装配体中的位置、作用等因素来确定。也可参考同类产品的图纸,用类比的方法来确定。

　　3.1.3.5　检查、修改,填写标题栏

　　再一次全面检查图纸,确认无误后,填写标题栏,完成全图,图 3-1-8 所示为左端盖零件草图。

 **模仿练习**

通过教师讲解,模仿左端盖零件草图绘制的方法,绘制右端盖、泵体、主动齿轮轴、从动齿轮轴、密封圈、填料压盖、压盖螺母、传动齿轮等零件的草图。

3.1.4 AutoCAD 绘制零件工作图

参照项目二完成零件工作图的绘制,左端盖零件工作图如图 3-1-9 所示。

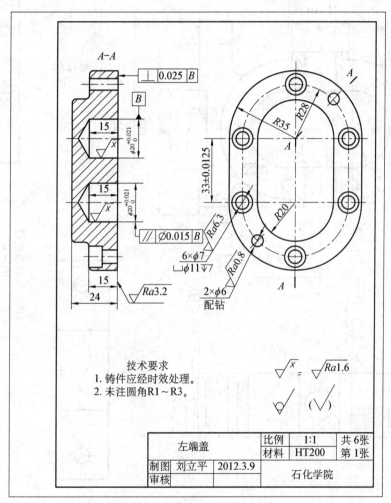

图 3-1-9 左端盖零件工作图

 **模仿练习**

通过教师讲解,模仿左端盖绘图方法,利用 AutoCAD 绘制右端盖、泵体、主动齿轮轴、从动齿轮轴、填料、轴套、压盖螺母、传动齿轮等零件图。泵体零件图如图 3-1-10 所示。

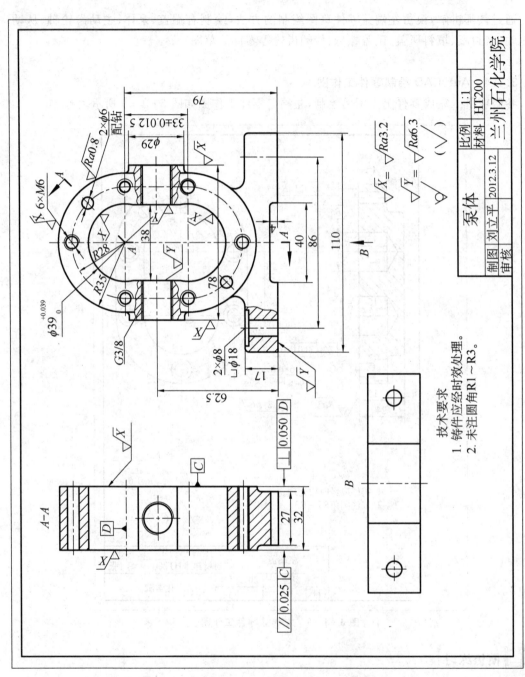

图 3 - 1 - 10　泵体零件图

3.1.5 AutoCAD 绘制装配图

装配图是表达机器或部件的图样,通常用来表达机器或部件的工作原理以及零部件间的装配、联结关系,这是机械设计和生产中的重要技术文件之一。在产品制造中,装配图是制定装配工艺规程,进行装配和检验的技术依据;在机器使用和维修时,也需要通过装配图来了解机器的工作原理和构造。

利用 AutoCAD 软件绘制装配图,一般采用如下方法:

(1)图块插入法　先绘制零件图,然后将零件图所需视图创建成图块。绘制装配图时,将所需图块插入,分解图块,编辑修改完成装配图。

(2)设计中心调用法　通过"设计中心"拖入所需零件图,分解图块,编辑修改完成装配图。

(3)剪切板交换数据法　利用 AutoCAD 软件的"复制"命令,将零件图中所需的视图复制到剪贴板,然后使用"粘贴"命令,将图形粘贴到装配图,编辑修改完成装配图。

下面采用图块插入法讲述装配图的绘制过程。

3.1.5.1　调用样板文件
调用适当图幅的样板文件。

3.1.5.2　绘制装配图
第 1 步:创建零件图块。将绘制好的所有零件图关闭尺寸层,创建成以零件名称命名的块。

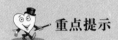

重点提示

　　零件创建块时,选择的基点是根据各零件间的装配关系确定的。

对一些零件,在创建块时可以选择多个基点,如左端盖、右端盖、主动齿轮轴等;但对另一些零件,在创建块时只能选择一个基点,如齿轮、压盖螺母等,如图 3－1－11 所示。

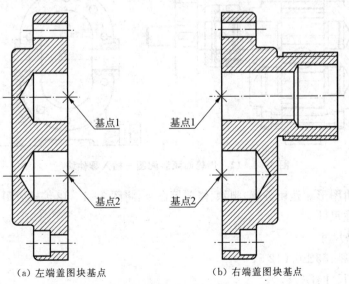

(a) 左端盖图块基点　　　　　　　　(b) 右端盖图块基点

图 3－1－11

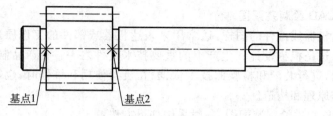

基点1　　　　　　　　基点2

(c) 主动齿轮轴图块基点

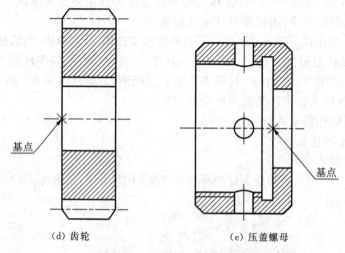

基点

(d) 齿轮

基点

(e) 压盖螺母

图 3-1-11　零件块基点的选择

第 2 步：插入零件图块。按照零件装配关系依次插入零件块，如图 3-1-12 所示。

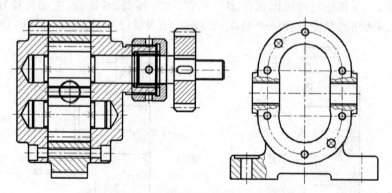

图 3-1-12　齿轮油泵装配图—插入零件块

第 3 步：编辑图形。运用分解、删除、修剪等命令，将图 3-1-12 编辑成图 3-1-13 所示。

第 4 步：标注尺寸。

① 性能规格尺寸：

两轴线中心距：33 ± 0.0125；

进出口螺孔尺寸：G3/8。

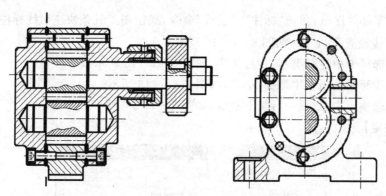

图 3-1-13　齿轮油泵装配图—编辑图形

② 装配尺寸：

齿轮轴与左端盖、右端盖孔：$\phi20H7/h6$；

齿轮齿顶圆与泵体内腔：$\phi39H8/f7$；

齿轮轴与传动齿轮轮孔：$\phi16H7/k6$。

③ 外形尺寸：

长：156；　宽：110；　高：79。

④ 安装尺寸：

孔的定位尺寸：86。

⑤ 其他重要尺寸：如齿轮轴高度 79、进油口高度 62.5 等。

标注结果如图 3-1-14 所示。

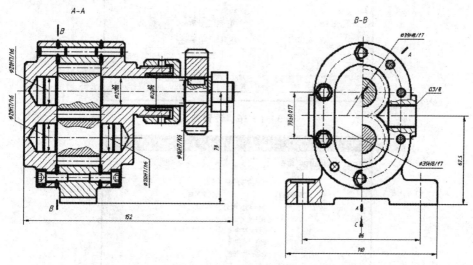

图 3-1-14　齿轮油泵装配图—尺寸标注

第 5 步：标注零部件序号。

① 新建序号标注样式：文字高度设置为 5 或 7。

② 标注零部件序号:单击"标注"|"引线"命令,或绘图工具条快速引线标注按钮 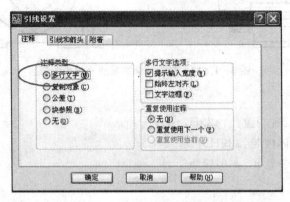,回车。弹出"引线设置"对话框,如图 3-1-15 所示。

➤ 注释选项卡中注释类型:多行文字,如图 3-1-15 所示。

➤ 引线和箭头选项卡中箭头:小点,如图 3-1-16 所示。

➤ 附着选项卡中:最后一行加下划线,如图 3-1-17 所示。

单击【确定】。

图 3-1-15 引线设置

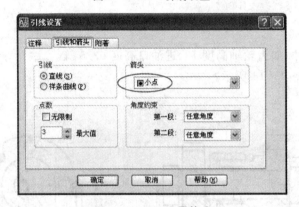

图 3-1-16 设置箭头

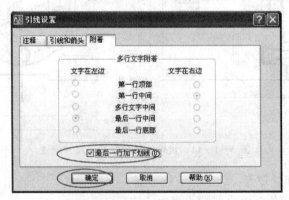

图 3-1-17 设置附着选项卡

指定第一个引线点或［设置(S)］〈设置〉：　　　　　　　（在泵体零件轮廓内拾取点）
指定下一点：　　　　　　　　　　　　　　　　（在屏幕上适当位置拾取点）
指定下一点：　0.1　　　　　（在屏幕上捕捉到 0 极轴，输入 0.1）如图 3-1-18(a)所示
输入注释文字的第一行〈多行文字(M)〉：1　　　　　　　　　　　　　　　（输入 1）
输入注释文字的下一行：　　　　　　　　　　（回车）结果如图 3-1-18(b)所示

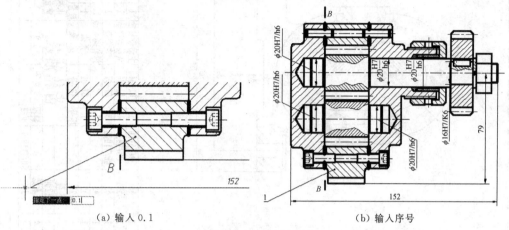

（a）输入 0.1　　　　　　　　　　　　　（b）输入序号

图 3-1-18　标注序号

同样方法标注序号 2～13，如图 3-1-19 所示。

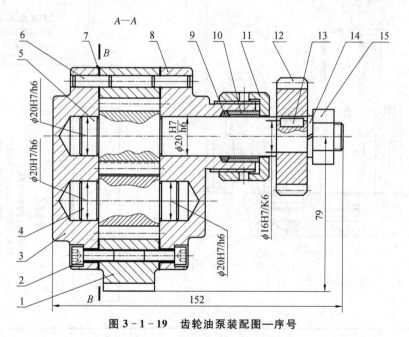

图 3-1-19　齿轮油泵装配图—序号

第 6 步：绘制标题栏、明细栏，编写技术要求。用多行文字注写标题栏、明细栏、技术要求，文字样式：长仿宋体，文字高度：5 号字和 10 号字，如图 3-1-20 所示。

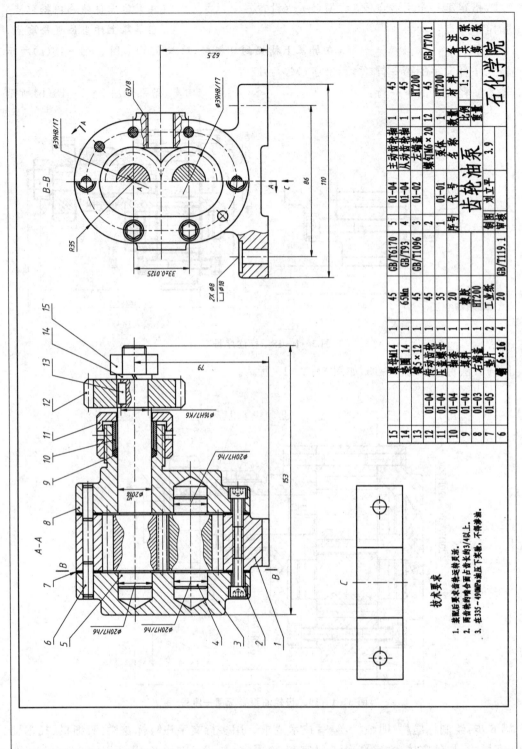

技术要求

1. 装配后要求齿轮运转灵活。
2. 齿轮的两合面占齿长的3/4以上。
3. 在335～49MPa油压下关闭, 不得漏油。

15		螺母M14	1	45	GB/T6170	5	01-04	主动齿轮轴	1	45		共 6 张
14		垫圈 14	1	65Mn	GB/T93	4	01-04	从动齿轮轴	1	45		第 6 张
13		键5×12	1	45	GB/T1096	3	01-02	左端盖	1	HT200	备 注	
12	01-04	传动齿轮	1	45		2		螺钉M6×20	12	45		
11	01-04	压盖螺母	1	35		1	01-01	泵体	1	HT200		GB/T0.1
10	01-04	油封	1	橡胶		序号	尺号	名称	数量	材料	备注	
9		压盖	1	HT200					比例	1:		石化学院
8	01-03	右端盖	1	工业纸			齿轮油泵		重量 3.9			
7	01-05	垫片	2	20	GB/T119.1							
6		键6×16	4			制图 刘立平						
						审核						

图 3 - 1 - 20 齿轮油泵装配图一完成

第 7 步：检查、修改、保存文件。检查修改，保存文件。

 **重点提示**

装配图中各零件的剖面线，是看图时区分不同零件的重要依据之一，必须按有关规定绘制。剖面线的间隔可按零件的大小来决定，不宜太稀或太密。

 **考核评价**

齿轮油泵测绘考核评价单			
评价项目	评价内容	分值	得分
拆卸装配体 绘制装配示意图	拆卸、装配规范	10	
	装配示意图表达完整		
	零部件序号标注正确、完整		
	标准件表格填写正确、齐全		
徒手绘制 零件草图	视图表达正确完整	30	
	测量方法正确		
	尺寸标注正确、完整、清晰、合理		
AutoCAD 绘制 零件图	图层设置正确	30	
	文字样式设置正确		
	尺寸样式设置正确		
	视图表达方案合理		
	视图绘制正确		
	尺寸标注正确、完整、清晰、合理		
	表面结构标注正确		
	形位公差标注正确		
	标题栏格式、内容正确、技术要求注写正确		
AutoCAD 绘制 装配图	视图表达方案合理	20	
	装配关系正确		
	零部件序号标注正确、完整		
	标题栏、明细栏注写正确		
小组互评	达到任务目标要求、与人沟通、团队协作	2	
考勤	是否缺勤	3	
总结、装订	实训内容总结正确、齐全，心得体会详实	5	
综合评价		100	

任务 3.2 减速器测绘

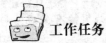

工作任务

完成减速器测绘,具体要求见表 3-2-1 所示的工作任务单。

表 3-2-1 工作任务单

任务介绍	在教师的指导下,完成减速器测绘任务		
任务要求	① 绘制装配示意图 ② 绘制非标准件零件草图 ③ 绘制零件工作图 ④ 绘制装配图 图 3-2-1 减速器		
测绘工具、设备	直尺、内外卡尺、游标卡尺、螺距规、半径规、活动扳手、螺丝刀每组一套,图板、丁字尺、计算机每人一套		
任务实施	学习情境	实施过程	结果形式
	了解部件	教师讲解 学生查阅资料	了解减速器工作原理 装配关系
	拆卸部件 绘制装配示意图	教师讲解、示范 学生查阅资料、绘图	完成装配示意图 A3 图纸
	绘制零件草图	教师讲解、示范、辅导、答疑 学生查阅资料、徒手绘制草图、测量、查表、标注尺寸	完成非标准件所有零件草图 A3(或 A4)图纸
	AutoCAD 绘制零件图	教师讲解、示范、辅导、答疑 学生计算机绘图	完成非标准件所有零件图 A3(或 A2)图纸
	AutoCAD 绘制装配图	教师讲解、示范、辅导、答疑 学生计算机绘图	完成装配图 A1 图纸
学习重点	徒手绘制零件草图,AutoCAD 绘制零件图、装配图		
学习难点	徒手快速绘制零件图,确定装配图表达方案 AutoCAD 绘制零件图,AutoCAD 绘制装配图		
任务总结	学生提出实训过程中存在的问题,解决并总结 教师根据实训过程中学生存在的共性问题,讲评并解决		
任务考核	见任务考核评价单		

任务实施

3.2.1 了解部件

测绘前,应对减速器进行全面的了解,通过观察、分析该部件的结构和工作情况,查阅有关减速器的说明书及相关资料,搞清楚其用途、性能、工作原理、结构特点、零件间的装配关系,以及拆装方法等。

3.2.1.1 减速器工作原理

减速器是装在原动机与工作机之间独立的闭式传动装置,是通过一对齿数不同的齿轮啮合传递转矩,进而实现减速的部件,如图 3-2-2 所示。工作时,动力从主动齿轮轴输入,通过一对啮合的齿轮传动,传递到从动轴上,由从动齿轮轴输出,从而带动工作机械传动。由于从动齿轮的齿数比主动齿轮的齿数多,因此降低转速,提高扭矩。

3.2.1.2 分析减速器

了解减速器工作原理之后,要对减速器的结构特点进行分析,以便确定绘图表达方案。

减速器主要由箱体、主动轴系、从动轴系、通气注油结构、观油结构、排污结构组成,其零件如图 3-2-3 所示。

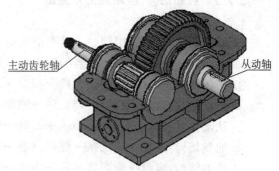

图 3-2-2 减速器工作原理

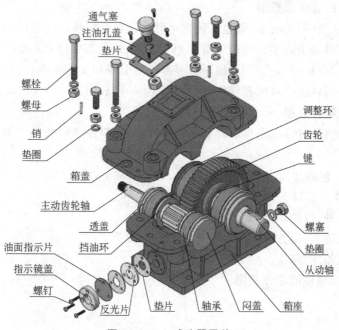

图 3-2-3 减速器零件

箱体采用剖分式,分成箱座和箱盖。

主动轴加工成齿轮轴,为了支承和固定轴,轴上装有一对单列向心球轴承,轴承利用轴肩为支点顶住内圈,透盖、调整环压住外圈,防止轴向移动,同时利用调整环来调整端盖与外座圈之间的间隙,以便箱体内温度变化时轴发生伸缩现象。从动轴系结构与此类似。

为排出减速箱工作时因油温升高而产生的油蒸气,在箱体上方装有通气塞,以保持箱体内、外气压平衡,否则箱内压力增高会使密封失效,造成漏油现象。打开通气结构的盖子,可以观察齿轮啮合情况,也可以由此孔注油。

为观察油面高度,在箱体合适的位置有观察液面结构。为了排出污油,在箱体下方有排污孔,打开螺塞即可放出污油。

3.2.2 拆卸部件,绘制装配示意图

3.2.2.1 拆卸部件

(1)拆卸工具 拆卸用到的工具有活动扳手、一字头螺丝刀、木锤、起子、冲子等。

(2)拆卸方法和顺序 减速器的装拆顺序如下:

① 箱体结构:螺母→垫圈→螺栓→箱盖→轴系零部件。

② 主动轴系:透盖(闷盖)→调整环→轴承→挡油环(对称拆)。

③ 从动轴系:透盖(闷盖)→轴承→套筒→齿轮→键(对称拆)。

④ 通气结构:螺母→通气塞→螺钉→盖→垫片。

⑤ 观油结构:螺钉→油面指示片→垫片→反光片→垫片。

⑥ 排污结构:螺塞→垫圈。

3.2.2.2 绘制装配示意图

减速器比较复杂,零件较多,需绘制装配示意图。在绘制装配示意图时,将箱座、箱盖看作透明的零件,用单线条画出大致的轮廓。对于轴承、齿轮等零件,采用 GB/T 4460 中规定的简图符号绘制。在装配示意图上,将所有零部件用引线和文字明确标注,并注明零件的序号和数量,标准零部件还要写出其规格尺寸及标准编号,如图 3-2-4 所示。

3.2.3 绘制零件草图

通过对部件进行分析,找出标准件和非标准件,并对零件进行分类。该减速器零件分类如下:

(1)标准件 包括螺栓、螺母、垫圈、螺钉、销、键、轴承,标准件表格见表 3-2-2。

(2)非标准件 有以下几类。

轴套类零件:轴、齿轮轴、套筒。

盘盖类零件:透盖、闷盖、挡油环、调整环、垫片、盖等。

箱体类零件:箱座、箱盖。

绘制所有非标准件的零件草图。

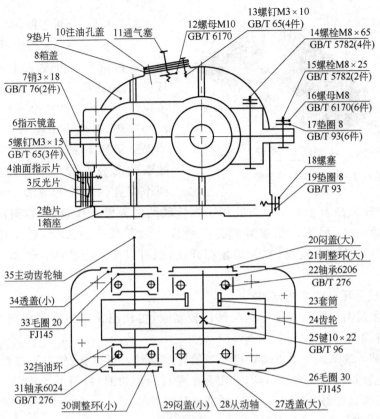

图 3 - 2 - 4　减速器装配示意图

表 3 - 2 - 2　标准件表格

序号	名称	规格	数量	材料	标准号
5	螺钉	M3×15	3	45	GB 65—2000
7	销	3×18	2	20	GB/T 117—2000
12	螺母	M10	1	45	GB/T 6170—2000
13	螺钉	M3×10	4	45	GB 65—2000
14	螺栓	M8×65	4	45	GB/T 70.1—2008
15	螺栓	M8×25	2	45	GB/T 70.1—2008
17	垫圈	8	6	65Mn	GB/T 93—1987
16	螺母	M8	6	45	GB/T 6170—2000
19	垫圈	8	1	65Mn	GB/T 97.1—2002
25	键	b=10, h=8, L=22	1	45	GB/T 1096—2003
31	轴承	6204	2		GB/T 276—1994
22	轴承	6206	2		GB/T 276—1994

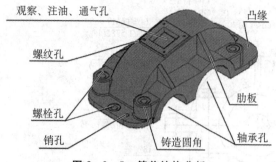

观察、注油、通气孔

螺纹孔

螺栓孔

销孔

铸造圆角

凸缘

肋板

轴承孔

图 3-2-5　箱盖结构分析

3.2.3.1　分析零件,确定表达方案

第 1 步:了解分析测绘零件。

以箱盖为例讲述分析过程:箱盖由 HT200 铸造而成,属于箱体类零件。为了保证一对齿轮的啮合和润滑,以及润滑油的散热,箱座内有足够空间的油池槽。为保证箱座与箱盖的联结刚度,箱盖下端联结部分有较厚的联结凸缘,上面有两个沉孔用于螺栓联结,两个圆锥孔用于销钉联结;较大凸台上有 4 个沉孔用于螺栓联结。为保证齿轮传动,箱座支承轴和轴承要有足够的刚度,因此在箱盖外侧铸有肋板。为了减少加工面,螺栓孔都加工有凹坑。为了观察齿轮啮合情况,在箱盖顶部开孔,也可以由此把油注入箱体,如图 3-2-5 所示。

第 2 步:确定零件的表达方案。

① 确定主视图。因箱盖内外结构都比较复杂,主视图采用多次局部剖视图表达螺栓孔、销钉孔、注油孔等内部结构。

② 选择其他视图。为了表达箱盖凸缘的轮廓形状及螺栓孔、销钉孔的位置,增加俯视图。为了表达轴承座孔等内部结构,采用两个平行的剖切面,将箱盖剖开作全剖的左视图。为了表达箱盖顶端凸缘及螺纹孔位置,增加局部视图等。

3.2.3.2　徒手绘制零件草图

第 1 步:确定绘图比例。

第 2 步:绘制图框和标题栏。

第 3 步:绘制基准线布置视图。

第 4 步:徒手画零件草图。

第 5 步:绘制尺寸界线、尺寸线、箭头。

完成箱盖零件草图,如图 3-2-6 所示。

 模仿练习

模仿箱盖绘图方法,徒手绘制透盖等其他非标准件零件草图。

3.2.3.3　测量、标注尺寸

参照项目一测量所有零件的尺寸,并标注在零件草图中。箱盖零件草图尺寸的标注如图 3-2-7 所示。

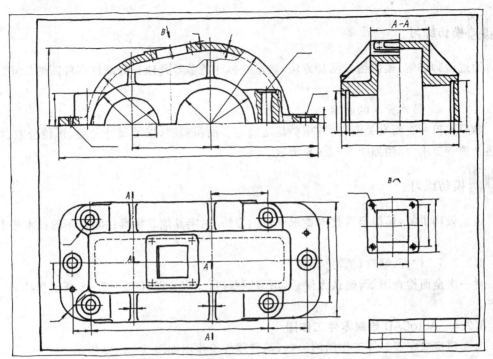

图 3 - 2 - 6　箱盖零件草图(一)—视图

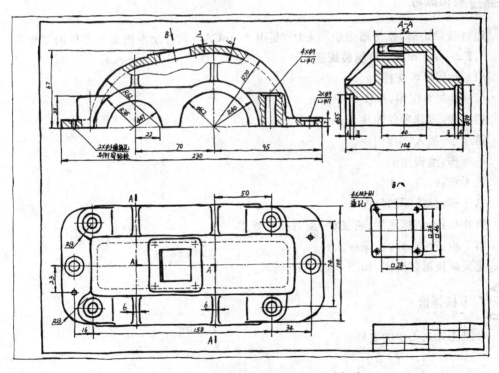

图 3 - 2 - 7　箱盖零件草图(二)—尺寸标注

 **模仿练习**

通过教师讲解,模仿箱盖测量方法,测量并标注透盖等其他非标准件零件图的尺寸。

3.2.3.4 技术要求的确定

参照项目一查阅有关资料,应用类比法确定表面粗糙度,以及尺寸公差、形位公差、材料及热处理等要求,标注如图 3-2-8 所示。

 模仿练习

通过教师讲解,模仿箱盖技术要求确定的方法,确定其他非标准件零件图的技术要求。

3.2.3.5 检查、修改,填写标题栏

再一次全面检查图纸,确认无误后,填写标题栏,完成全图,图 3-2-8 所示为箱盖零件草图。

3.2.4 AutoCAD 绘制零件工作图

参照项目二完成零件工作图的绘制,箱盖零件工作图如图 3-2-9 所示。

 模仿练习

通过教师讲解,模仿箱盖绘图方法,利用 AutoCAD 软件绘制透盖等零件的工作图。

3.2.5 AutoCAD 绘制装配图

(1)调用样板文件。

(2)绘制装配图,步骤如下:

第 1 步:创建零件图块。

第 2 步:插入零件图块。

第 3 步:编辑图形。

第 4 步:标注尺寸。

第 5 步:标注零部件序号。

第 6 步:绘制标题栏、明细栏,编写技术要求。

第 7 步:检查、修改、保存文件。

完成减速器装配图,如图 3-2-10 所示。

 考核评价

参照任务 3.1 中的表格。

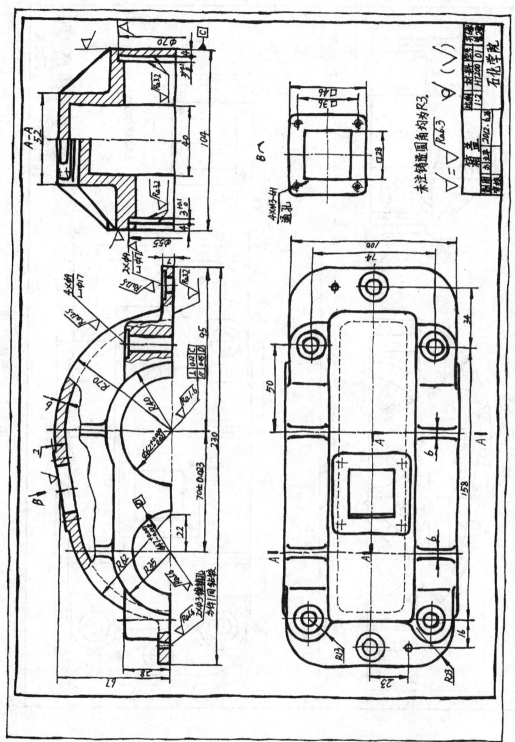

图 3 - 2 - 8　箱盖零件草图(三)—技术要求

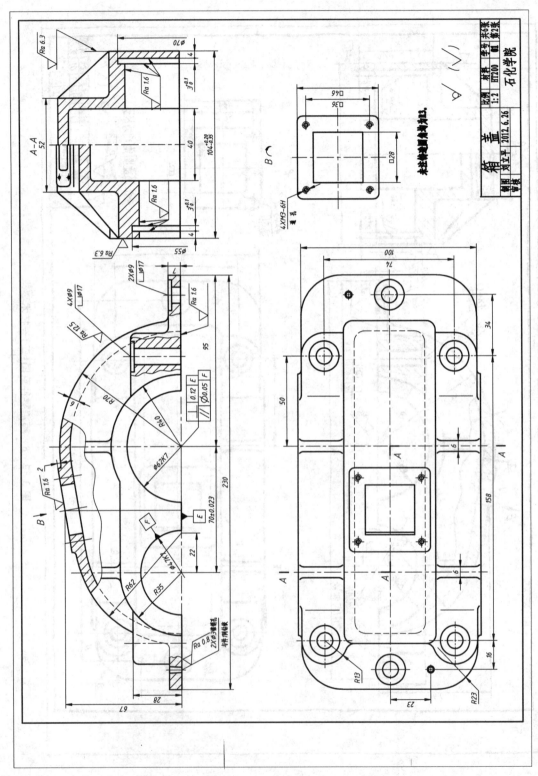

图 3 - 2 - 9 箱盖零件图

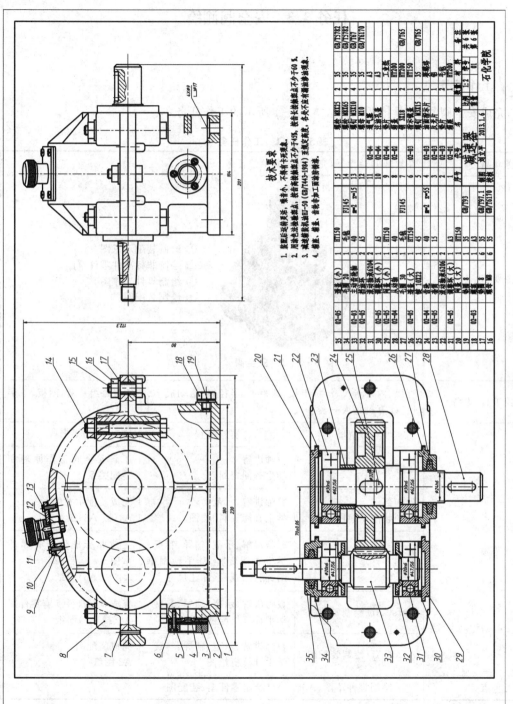

图 3 - 2 - 10　减速器装配图

任务 3.3 安全阀测绘

 工作任务

完成安全阀测绘,具体要求见表 3-3-1 所示的工作任务单。

表 3-3-1 工作任务单

任务介绍	在教师的指导下,完成安全阀测绘任务		
任务要求	① 绘制装配示意图 ② 绘制非标准件零件草图 ③ 绘制零件工作图 ④ 绘制装配图 图 3-3-1 安全阀		
测绘工具、设备	直尺、内外卡尺、游标卡尺、螺距规、半径规、活动扳手、螺丝刀每组一套,图板、丁字尺、计算机每人一套		
任务实施	**学习情境**	**实施过程**	**结果形式**
	了解部件	教师讲解 学生查阅资料	了解安全阀工作原理和装配关系
	拆卸部件 绘制装配示意图	教师讲解、示范 学生查阅资料、绘图	完成装配示意图 A4(或 A3)图纸
	绘制零件草图	教师讲解、示范、辅导、答疑 学生查阅资料、徒手绘制草图、测量、查表、标注尺寸	完成非标准件所有零件草图 A4(或 A3)图纸
	AutoCAD 绘制零件图	教师讲解、示范、辅导、答疑 学生计算机绘图	完成非标准件所有零件图 A4(或 A3)图纸
	AutoCAD 绘制装配图	教师讲解、示范、辅导、答疑 学生计算机绘图	完成装配图 A2 图纸
学习重点	徒手绘制零件草图,AutoCAD 绘制零件图、装配图		

学习难点	徒手快速绘制零件图,确定装配图表达方案 AutoCAD 绘制零件图,AutoCAD 绘制装配图
任务总结	学生提出实训过程中存在的问题,解决并总结 教师根据实训过程中学生存在的共性问题,讲评并解决
任务考核	见任务考核评价单

 任务实施

3.3.1　了解部件

测绘前,应全面了解安全阀,通过观察、分析该部件的结构和工作情况,查阅有关安全阀的说明书及相关资料,搞清楚其用途、性能、工作原理、结构特点、零件间的装配关系,以及拆装方法等。

3.3.1.1　安全阀工作原理

安全阀是装在柴油发动机供油管路中的一个部件,以使剩余的柴油回到油箱中。如图 3-3-2 所示,在正常工作时,柴油从阀体右端孔流入,从下端孔流出。当主油路获得过量的油,并超过允许的压力时,阀门抬起,过量油就从阀体和阀门开启后的缝隙中流出,从左端管道流回油箱。

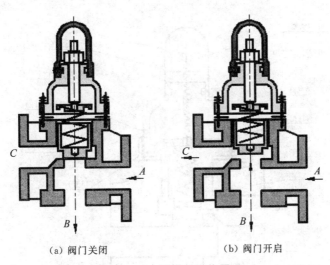

(a) 阀门关闭　　　　　　　　　(b) 阀门开启

图 3-3-2　安全阀工作原理

3.3.1.2　分析安全阀

在对安全阀工作原理进行全面了解之后,要对该部件的结构特点进行分析,以便确定绘图表达方案。

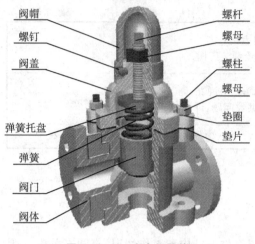

阀帽　　　　　　　　　螺杆
螺钉　　　　　　　　　螺母
阀盖　　　　　　　　　螺柱
　　　　　　　　　　　螺母
弹簧托盘　　　　　　　垫圈
弹簧　　　　　　　　　垫片
阀门
阀体

图 3-3-3　安全阀零件

如图 3-3-3 所示,安全阀主要由阀体、阀盖构成供油系统。阀门的开启和关闭由弹簧控制,弹簧压力的大小由螺杆调节。阀帽用以保护螺杆免受损伤或触动。

3.3.2　拆卸部件,绘制装配示意图

3.3.2.1　拆卸部件

(1)拆卸工具　拆卸用到的工具有:活动扳手、一字头螺丝刀、木锤、起子、冲子等。

(2)拆卸方法和顺序　安全阀的装拆顺序如下:

紧定螺钉→阀帽→螺母→螺杆→螺母→垫圈→双头螺柱→阀盖→垫片→弹簧托盘→弹簧→阀门。

3.3.2.2　绘制装配示意图

把安全阀看作透明体,用单线条形象地画其装配示意图,在画出外形轮廓的同时,再画出其内部结构,表示零件的结构形状和装配关系。也可以将较大的零件画出其大致轮廓,其他较小的零件用单线或符号来表示。在装配示意图上,将所有零部件用文字明确标注。标注时,可以用引线的方式注写文字,并注明零件的序号和数量;对标准零部件,还要写出其规格尺寸及标准编号。安全阀装配示意图如图 3-3-4 所示。

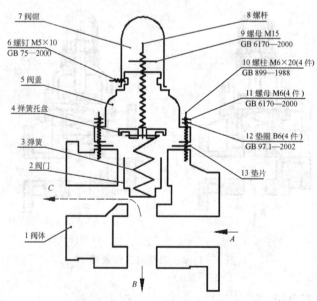

7 阀帽　　　　　　　　　　8 螺杆
6 螺钉 M5×10　　　　　　　9 螺母 M15
GB 75—2000　　　　　　　GB 6170—2000
　　　　　　　　　　　　　10 螺柱 M6×20(4 件)
　　　　　　　　　　　　　GB 899—1988
5 阀盖　　　　　　　　　　11 螺母 M6(4 件)
　　　　　　　　　　　　　GB 6170—2000
4 弹簧托盘
3 弹簧　　　　　　　　　　12 垫圈 B6(4 件)
　　　　　　　　　　　　　GB 97.1—2002
2 阀门
　　　　　　　　　　　　　13 垫片
1 阀体

图 3-3-4　安全阀装配示意图

3.3.3　绘制零件草图

通过对部件的分析,找出标准件和非标准件,并对零件进行分类。该安全阀零件分类如下:

(1)标准件　包括双头螺柱、螺母、垫圈、螺钉,标准件表格见表3-3-2。

表 3 - 3 - 2　标准件表格

序号	名称	规格	数量	材料	标准号
6	螺钉	M5×10	1	45	GB/T 75—85
9	螺母	M15	1	45	GB/T 6170—2000
10	螺柱	M6×20	4	45	GB/T 899—1998
11	螺母	M6	4	45	GB/T 6170—2000
12	垫圈	6	4	45	GB/T 97.1—2002

(2)非标准件　有以下几类。

轴套类零件:螺杆、阀门、弹簧。

盘盖类零件:弹簧托盘。

箱体类零件:阀体、阀盖、阀帽。

绘制所有非标准件的零件草图。

3.3.3.1　分析零件,确定表达方案

第1步:了解分析测绘零件。首先了解零件的名称、材料及其在装配体中的位置和作用,然后对零件的结构、制造方法进行分析。

以阀盖为例讲述分析过程:阀盖由 ZL101 铸造而成,属于箱体类零件。为了与阀体联结,阀盖下端有较厚凸缘结构,凸缘上均布 4 个锪平孔,用于双头螺柱与阀体联结,上部螺纹孔用于螺杆上、下移动,有铸造圆角,如图 3-3-5 所示。

图 3 - 3 - 5　阀盖结构分析

第2步:确定零件的表达方案。

① 确定主视图。阀盖的主视图采用半剖视图,表达内外结构。

② 选择其他视图。为了表达阀盖的凸缘轮廓形状,增加俯视图。

3.3.3.2 徒手绘制零件草图

第 1 步:确定绘图比例。

第 2 步:绘制图框和标题栏。

第 3 步:绘制基准线布置视图。

第 4 步:徒手画零件草图。

第 5 步:绘制尺寸界线、尺寸线、箭头。

阀盖零件草图如图 3-3-6 所示。

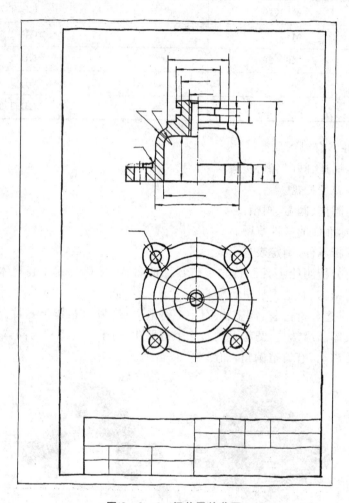

图 3-3-6 阀盖零件草图

 模仿练习

模仿阀盖绘图方法,徒手绘制阀帽、阀体、阀门、弹簧、弹簧托盘、螺杆等零件草图。

3.3.3.3 测量、标注尺寸

参照项目一测量所有零件的尺寸,并标注在零件草图中。阀盖零件草图尺寸的标注,如图 3-3-7所示。

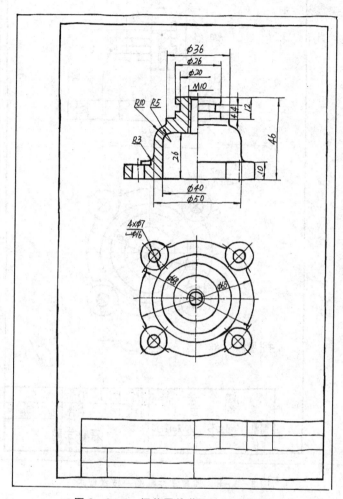

图 3-3-7 阀盖零件草图—尺寸标注

 **模仿练习**

通过教师讲解,模仿阀盖测量方法,测量并标注阀帽、阀体、阀门、弹簧、弹簧托盘、螺杆等零件图尺寸。

3.3.3.4 技术要求的确定

参考项目一查阅有关资料应用类比法,确定零件表面结构值,以及尺寸公差、形位公差、材料及热处理等要求,标注如图 3-3-8所示。

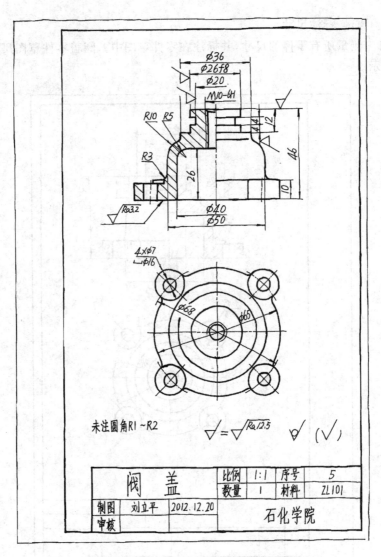

图 3-3-8　阀盖零件草图—技术要求

📖 **模仿练习**

通过教师讲解,模仿阀盖技术要求确定的方法,确定阀帽、阀体、阀门、弹簧、弹簧托盘、螺杆等零件图的技术要求。

3.3.3.5　检查、修改,填写标题栏

再一次全面检查图纸,确认无误后,填写标题栏,完成全图,图3-3-8所示为阀盖零件草图。

3.3.4　AutoCAD 绘制零件工作图

参照项目二完成零件工作图的绘制,阀盖零件工作图如图3-3-9所示。

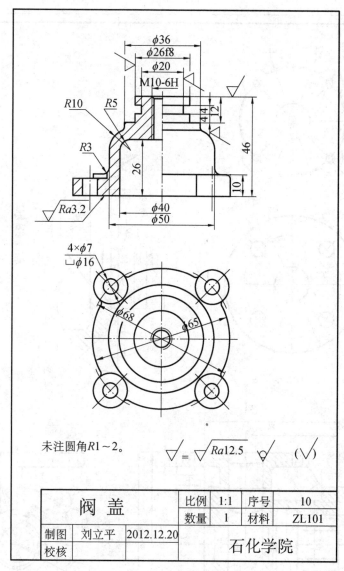

未注圆角R1~2。

阀 盖	比例	1:1	序号	10
	数量	1	材料	ZL101
制图	刘立平	2012.12.20	石化学院	
校核				

图 3 - 3 - 9   阀盖零件工作图

 **模仿练习**

模仿阀盖零件图绘制方法,绘制阀帽、阀体等零件图。阀体零件工作图如图 3 - 3 - 10 所示。

3.3.5   AutoCAD 绘制装配图

(1) 调用样板文件。调用适当图幅的样板文件。

(2) 绘制装配图,步骤如下:

第 1 步:创建零件图块。

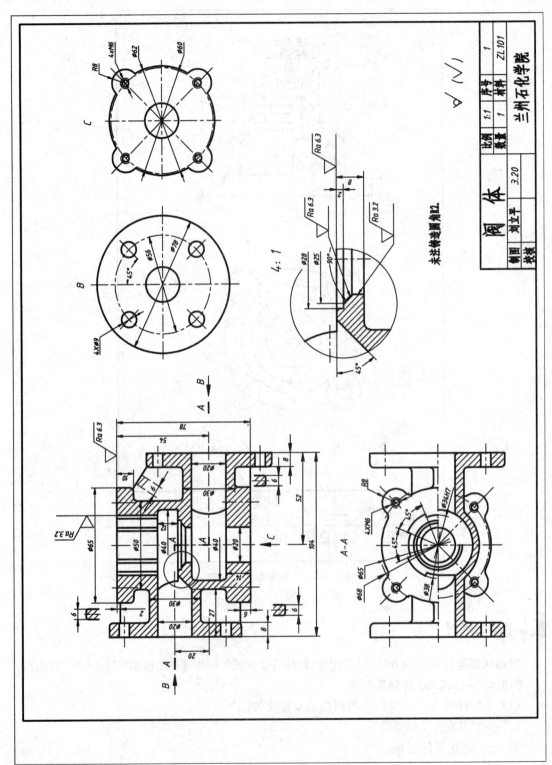

图 3 – 3 – 10　阀体零件工作图

第2步:插入零件图块。

第3步:编辑图形。

第4步:标注尺寸。

第5步:标注零部件序号。

第6步:绘制标题栏、明细栏,编写技术要求。

第7步:检查、修改、保存文件。

完成安全阀装配图,如图3-3-11所示。

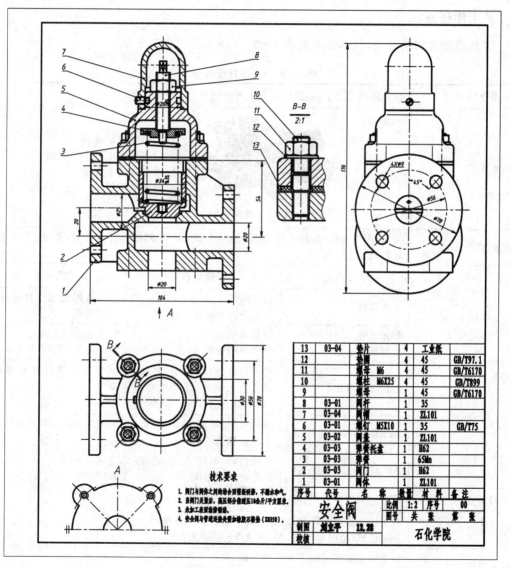

图 3-3-11 安全阀装配图

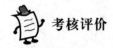

考核评价

参照任务 3.1 中的表格。

任务 3.4　机用虎钳测绘

工作任务

完成机用虎钳的测绘,具体要求见表 3-4-1 所示的工作任务单。

表 3-4-1　工作任务单

任务介绍	在教师的指导下,完成机用虎钳测绘任务		
任务要求	图 3-4-1　机用虎钳 ① 绘制装配示意图 ② 绘制非标准件零件草图 ③ 绘制零件工作图 ④ 绘制装配图		
测绘工具、设备	直尺、内外卡尺、游标卡尺、螺距规、半径规、扳手、螺丝刀每组一套,图板、丁字尺、计算机每人一套		
任务实施	学习情境	实施过程	结果形式
	了解部件	教师讲解 学生查阅资料	了解机用虎钳工作原理、装配关系
	拆卸部件 绘制装配示意图	教师讲解、示范 学生查阅资料、绘图	完成装配示意图 A4(或 A3)图纸
	绘制零件草图	教师讲解、示范、辅导、答疑 学生查阅资料、徒手绘草图、测量、查表、标注尺寸	完成非标准件所有零件草图 A4(或 A3)图纸
	AutoCAD 绘制零件图	教师讲解、示范、辅导、答疑 学生计算机绘图	完成非标准件所有零件图 A4(或 A3)图纸
	AutoCAD 绘制装配图	教师讲解、示范、辅导、答疑 学生计算机绘图	完成装配图 A2 图纸
学习重点	徒手绘制零件草图,利用 AutoCAD 绘制零件图、装配图		
学习难点	徒手快速绘制零件图,确定装配图表达表达方案 AutoCAD 绘图零件图,AutoCAD 绘图装配图		
任务总结	学生提出实训过程中存在的问题,解决并总结 教师根据实训过程中学生存在的共性问题,讲评并解决		
任务考核	见任务考核评价单		

任务实施

3.4.1 了解部件

测绘前,应对机用虎钳进行全面的了解,通过观察、分析该部件的结构和工作情况,查阅有关机用虎钳的说明书及相关资料,搞清楚其用途、性能、工作原理、结构特点、零件间的装配关系,以及拆装方法等。

3.4.1.1 机用虎钳工作原理

机用虎钳安装在工作台上,用于夹紧机加工工件,是钳工车间必备夹具。如图3-4-2所示,当转动螺杆时,螺杆的螺旋作用带动方螺母,方螺母通过螺钉联结在活动钳身上,带动活动钳身沿着固定钳座左、右移动,从而使两个钳口板开启或闭合,实现松开或夹紧加工件的作用。

3.4.1.2 分析机用虎钳

在对机用虎钳工作原理进行全面了解之后,要对该部件的结构特点进行分析,以便确定绘图表达方案。

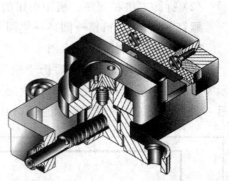

图3-4-2 机用虎钳工作原理

机用虎钳的结构是由固定钳座、钳口板、活动钳身、螺钉、圆环、螺杆、方螺母等组成,如图3-4-3所示。螺杆通过轴肩固定在固定钳座的轴孔上,钳座的左、右轴孔保证同轴。螺杆杆身上加工有矩形螺纹,起传动作用;螺杆左端有销孔,用销与圆环联结;右端有与手柄联结的方头结构。在固定钳身和活动钳身上,各装有钢制钳口板,并用螺钉固定;为了使工件夹紧后不易产生滑动,钳口板的工作面上制有交叉的网纹;钳口板经过热处理淬硬,具有较好的耐磨性。

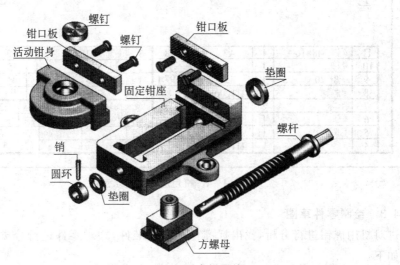

图3-4-3 机用虎钳零件

由螺杆作旋转运动,通过方块螺母带动活动钳身作水平移动。机用虎钳共 4 处有配合要求:螺杆在固定钳座左、右端的支承孔中转动,采用间隙较大的间隙配合;活动钳身与螺母虽没有相对运动,但为了便于装配,采用间隙较小的间隙配合;活动钳身与固定钳身两侧结合面的配合有相对运动,所以还是采用间隙较大的间隙配合。

3.4.2 拆卸部件,绘制装配示意图

3.4.2.1 拆卸部件

(1)拆卸工具　拆卸用到的工具有:活动扳手、螺丝刀、起子、冲子、榔头等。

(2)拆卸方法和顺序　机用虎钳的装拆顺序如下:

螺钉→活动钳身;销→圆环→垫圈→螺杆→方块螺母;螺钉→钳口板。

3.4.2.2 绘制装配示意图

为了便于机用虎钳被拆后仍能顺利装配复原,绘制其装配示意图。用单线条形象地表示零件的结构形状和装配关系,在装配示意图上标注零部件的序号,序号应与明细栏中的序号一致。完成机用虎钳装配示意图,如图 3-4-4 所示。

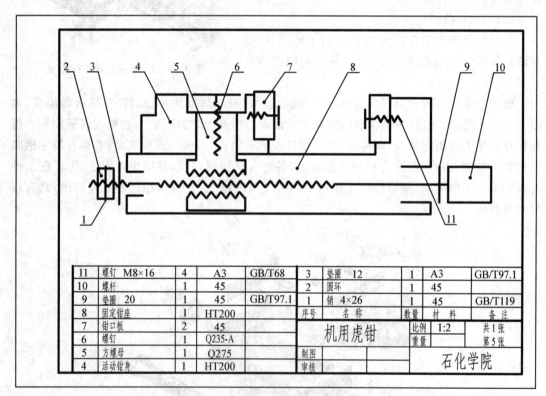

11	螺钉 M8×16	4	A3	GB/T68	3	垫圈 12	1	A3	GB/T97.1
10	螺杆	1	45		2	圆环	1	45	
9	垫圈 20	1	45	GB/T97.1	1	销 4×26	1	45	GB/T119
8	固定钳座	1	HT200		序号	名称	数量	材料	备注
7	钳口板	2	45			机用虎钳	比例 1:2	共1张	
6	螺钉	1	Q235-A				重量	第5张	
5	方螺母	1	Q275		制图			石化学院	
4	活动钳身	1	HT200		审核				

图 3-4-4　机用虎钳装配示意图

3.4.3 绘制零件草图

通过对机用虎钳进行分析,找出标准件和非标准件,并对零件进行分类,该机用虎钳零件分类如下:

（1）标准件　包括螺钉、销、垫圈，标准件表格见表 3 - 4 - 2。

表 3 - 4 - 2　标准件表格

序号	名称	规格	数量	材料	标准号
1	销	4×26	1	35	GB/T 119—2000
3	垫圈	12	1	A3	GB/T 97.1—2002
9	垫圈	20	1	A3	GB/T 97.1—2002
11	螺钉	M8×16	1	45	GB/T 68—2000

（2）非标准件　有以下几类。

轴套类零件：螺杆、圆环、螺钉（6 号件）。

盘盖类零件：钳口板。

箱体类零件：固定钳座、活动钳身、方块螺母。

对零件进行分类之后，绘制所有非标准件的零件草图。

3.4.3.1　分析零件确定表达方案

第 1 步：了解、分析、测绘零件。

以螺杆为例讲述分析过程：螺杆是由 45 号钢加工而成，属于轴类零件。螺杆与方块螺母配合转动带动活动钳身作直线运动，对螺杆两支承轴颈部位有同轴度要求，同时对这两部位的表面结构也有要求。螺杆中间部分是矩形螺纹，为了完整加工，螺纹有螺纹退刀槽结构，左端为了销定位加工销孔，右端为了装夹加工平面，还有倒角结构，如图 3 - 4 - 5 所示。

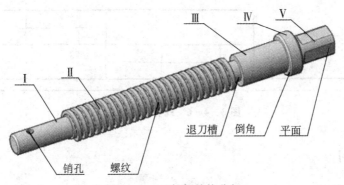

图 3 - 4 - 5　螺杆结构分析

第 2 步：选择视图并确定表达方案。

① 确定主视图。螺杆按照加工位置和形状特征原则，选择主视图的投射方向，主视图采用局部剖视图表达。

② 选择其他视图。采用移出断面图表达右端四方平面结构。为了表达螺杆上螺纹形状、标注尺寸，增加局部放大图。

3.4.3.2 徒手绘制零件草图

第1步:确定绘图比例。

第2步:绘制图框和标题栏。

第3步:绘制基准线布置视图。

第4步:徒手画零件草图。

第5步:绘制尺寸界线、尺寸线、箭头。

完成螺杆零件草图,如图3-4-6所示。

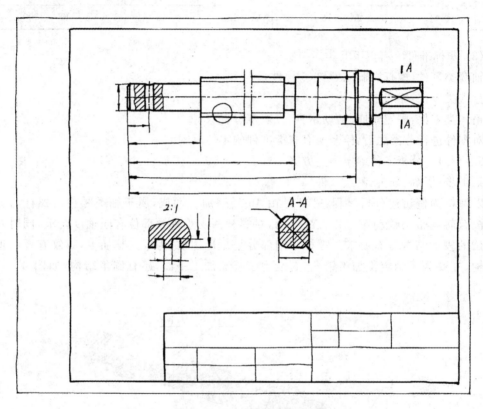

图3-4-6 螺杆零件草图

模仿练习

模仿螺杆绘图方法,徒手绘制方螺母、钳口板、活动钳身、固定钳座等零件草图。

3.4.3.3 测量、标注尺寸

参照项目一测量所有零件的尺寸,并标注在零件草图中。螺杆零件草图尺寸的标注如图3-4-7所示。

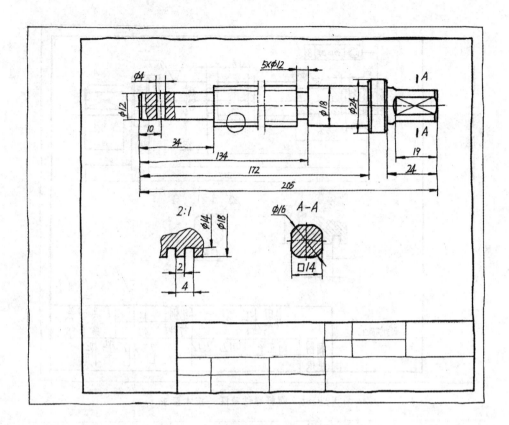

图 3 - 4 - 7 螺杆零件草图—尺寸标注

 模仿练习

通过教师讲解,模仿螺杆的测量方法,测量并标注固定钳座、活动钳身、方螺母、钳口板等零件图的尺寸。

3.4.3.4 标注技术要求

参照项目一查阅有关资料,采用类比法确定表面结构,以及尺寸公差、形位公差、材料及热处理等要求,标注如图 3 - 4 - 8 所示。

3.4.3.5 检查、修改,填写标题栏

再一次全面检查图纸,确认无误后,填写标题栏,完成全图,图 3 - 4 - 8 所示为螺杆零件草图。

 模仿练习

模仿螺杆测绘方法,对固定钳座、活动钳身、方螺母、钳口板等零件进行测绘,固定钳座零件图如图 3 - 4 - 9 所示。

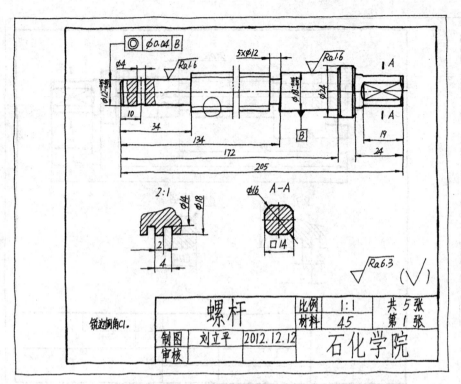

图 3-4-8　螺杆零件草图—技术要求

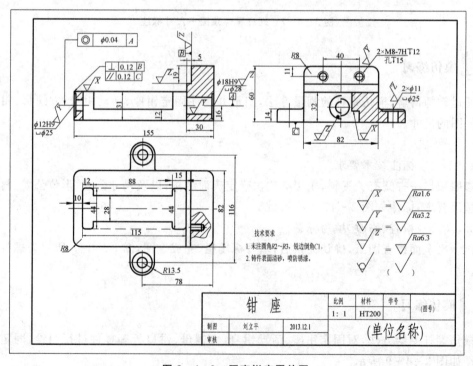

图 3-4-9　固定钳座零件图

3.4.4 AutoCAD 绘制零件工作图

参照项目二完成零件工作图的绘制，螺杆零件工作图如图 3 – 4 – 10 所示。

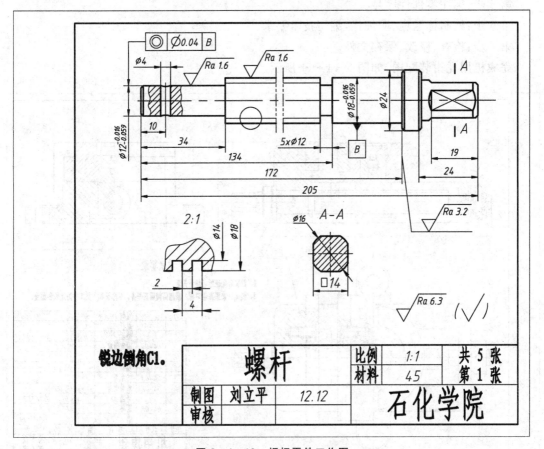

图 3 – 4 – 10　螺杆零件工作图

 模仿练习

通过教师讲解，模仿螺杆绘图方法，利用 AutoCAD 绘制固定钳座、活动钳身、方螺母、钳口板等零件图。

3.4.5 AutoCAD 绘制装配图

根据零件图绘制机用虎钳装配图，步骤如下：

（1）调用样板文件。

（2）绘制装配图，步骤如下：

第 1 步：创建零件图块。

第 2 步：插入零件图块。

第 3 步:编辑图形。

第 4 步:标注尺寸。

第 5 步:标注零部件序号。

第 6 步:绘制标题栏、明细栏,编写技术要求。

第 7 步:检查、修改、保存文件。

完成机用虎钳装配图,如图 3 - 4 - 11 所示。

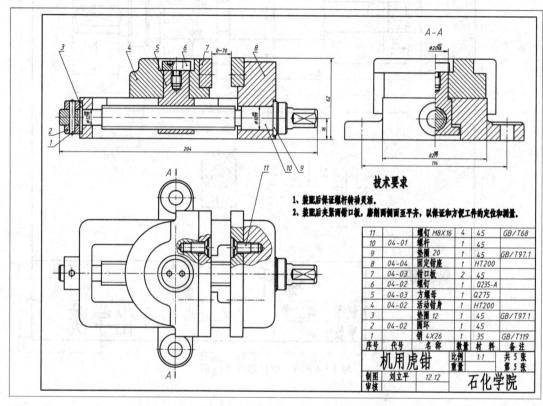

技术要求

1、装配后保证螺杆转动灵活。

2、装配后夹紧两钳口板,磨削两侧面至平齐,以保证和方钢工件的定位和测量。

11		螺钉 M8X16	4	45	GB/T68
10	04-01	螺杆	1	45	
9		垫圈 20	1	45	GB/T97.1
8	04-04	固定钳座	1	HT200	
7	04-03	钳口板	2	45	
6	04-02	螺钉	1	Q235-A	
5	04-03	方螺母	1	Q275	
4	04-02	活动钳身	1	HT200	
3		垫圈 12	1	45	GB/T97.1
2	04-02	圆环	1	45	
1		销 4X26	1	35	GB/T119
序号	代号	名 称	数量	材 料	备 注

机用虎钳

	比例	1:1	共5张
	重量		第5张
制图	刘立平	12.12	石化学院
审核			

图 3 - 4 - 11 机用虎钳装配图

 **考核评价**

参照任务 3.1 中的表格。

项目四　化工单元测绘

● **能力目标**

1. 徒手熟练绘制工艺管道及仪表流程草图。

2. 徒手熟练绘制设备布置草图。

3. 徒手熟练绘制管道布置草图。

4. 徒手熟练绘制管道轴测草图。

5. 尺规熟练绘制管道布置图。

6. 利用 AutoCAD 软件熟练绘制工艺管道及仪表流程图、设备布置图、管道布置图、管道轴测图。

● **知识点**

1. 工艺管道及仪表流程图、设备布置图、管道布置图、管道轴测图的标准规定及内容。

2. 工艺管道及仪表流程图、设备布置图、管道布置图、管道轴测图的画法。

3. 测量与标注方法。

4. 计算机绘图方法。

知识链接

化工单元测绘是根据对现有的化工操作单元进行了解、测量,绘制草图,再经过整理分析,绘制出工作图的过程。

化工操作单元是指把各种化学生产过程中以物理为主的处理方法,概括为具有共同物理变化特点的基本操作,一个单元操作完成一个生产步骤。除了反应步骤外,化工中常用单元操作是分离提纯的单元,有精馏、萃取、换热、沉降分离等。

任务 4.1　化工单元测绘

工作任务

完成化工单元测绘,具体要求见表 4-1-1 所示的工作任务单。

表 4-1-1　工作任务单

<table>
<tr><td>任务介绍</td><td colspan="4">在教师的指导下，完成化工单元测绘任务</td></tr>
<tr><td>任务要求</td><td colspan="4">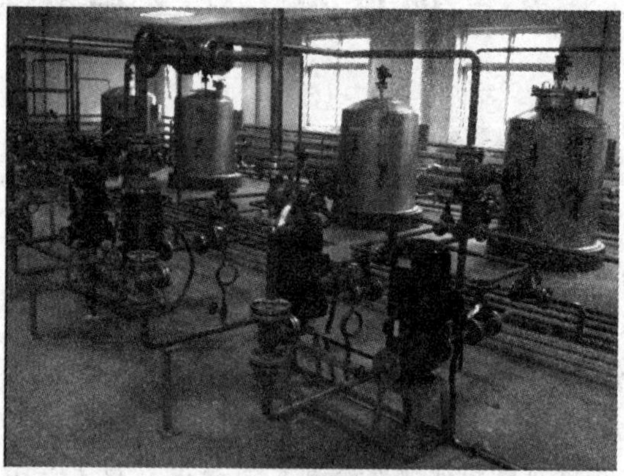
图 4-1-1　罐内调合单元
① 徒手绘制工艺管道及仪表流程草图
② 徒手绘制设备布置草图
③ 徒手绘制管道布置草图
④ 徒手绘制管道轴测草图
⑤ 尺规绘制工作图</td></tr>
<tr><td>测绘工具、设备</td><td colspan="4">皮尺（或钢卷尺）、钢直尺、游标卡尺每组一套，图板、丁字尺每人一套</td></tr>
<tr><td rowspan="6">任务实施</td><td colspan="2">学习情境</td><td>实施过程</td><td>结果形式</td></tr>
<tr><td colspan="2">准备工作</td><td>教师讲解
学生查阅资料</td><td>了解测绘对象、收集相关资料、准备工具、确定测绘流程</td></tr>
<tr><td rowspan="4">绘制草图</td><td>工艺管道及仪表流程草图</td><td>教师讲解、示范、辅导、答疑
学生查阅资料、徒手绘图</td><td>完成工艺管道及仪表流程草图
A1(或 A2)图纸</td></tr>
<tr><td>设备布置草图</td><td>教师讲解、示范、辅导、答疑
学生徒手绘制草图，测量、标注</td><td>完成设备布置草图
A1(或 A2)图纸</td></tr>
<tr><td>管道布置草图</td><td>教师讲解、示范、辅导、答疑
学生徒手绘制草图，测量、标注</td><td>完成管道布置草图
A1(或 A2)图纸</td></tr>
<tr><td>管道轴测草图</td><td>教师讲解、示范、辅导、答疑
学生徒手绘制草图，测量、标注</td><td>完成管道轴测草图
A1(或 A2)图纸</td></tr>
</table>

	绘制工作图	教师讲解、示范、辅导、答疑 学生尺规绘图	完成管道布置图或工艺管道及仪表流程图 A1(或 A2)图纸
学习重点	徒手绘制工艺管道及仪表流程草图、设备布置草图、管道布置草图、管道轴测草图、 尺规绘制工作图		
学习难点	徒手快速绘制草图,测量并标注尺寸,尺规绘图技巧		
任务总结	学生提出实训过程中存在的问题,解决并总结 教师根据实训过程中学生存在的共性问题,讲评并解决		
任务考核	见任务考核评价单		

 任务实施

4.1.1 准备工作

4.1.1.1 了解测绘对象

测绘前,应对所测绘的对象进行全面的了解,一般可通过观察、查阅有关该工艺说明书及资料,分析了解被测单元在生产中的作用,了解被测对象的工艺流程,了解设备数量、名称及其布置情况,了解管道的联结及其空间走向,了解管件、阀门、仪表控制点及管架的安装位置及作用,了解建筑物的墙、柱、门窗及其他构件的分布情况。

本次任务中的罐内调合装置是油品库区的一部分,分为 5 个罐,每个罐都可以与任意罐进行倒罐作业。本测绘单元取 3 号、4 号罐,油品由 4 号罐经输送泵输送进入 3 号罐,完成油品输送。

4.1.1.2 收集相关资料

根据所学专业知识,查阅相关国家标准、行业标准、工艺手册、操作流程等,收集测绘资料。

4.1.1.3 准备工具

(1)准备绘图工具　包括图板、丁字尺、三角板、圆规、铅笔等。

(2)准备测量工具　包括卷尺、钢直尺、游标卡尺等。

4.1.1.4 确定测绘流程

(1)绘制草图　绘制工艺管道及仪表流程草图、设备布置草图、管道布置草图、管道轴测草图。

(2)绘制工作图　绘制工艺管道及仪表流程图、设备布置图、管道布置图、管道轴测图。

4.1.2 绘制草图

4.1.2.1 工艺管道及仪表流程草图

4.1.2.1.1 工艺管道及仪表流程图概述

(1)概念　工艺管道及仪表流程图是以工艺管道及仪表为主体的流程图,适用于化工工艺装置,是用图示的方法把化工工艺流程和所需的全部设备、机器、管道、阀门,以及管件和仪表表示出来;是设计和施工的依据,也是开、停车,操作运行,事故处理及检维修的指南。

(2)分类　管道及仪表流程图分为工艺管道及仪表流程图和辅助及公用系统管道及仪表流程图两种。

工艺管道及仪表流程图是以工艺管道及仪表为主体的流程图。

辅助系统包括正常生产和开、停车过程中所需用的仪表空气、工厂空气、加热用的燃料(气或油)、制冷剂、脱吸及置换用的惰性气、机泵的润滑油及密封油、废气、放空系统等;公用系统包括自来水、循环水、软水、冷冻水、低温水、蒸汽、废水系统等。一般按介质类型分别绘制。

4.1.2.1.2　工艺管道及仪表流程图一般规定

(1)图幅　管道及仪表流程图应采用标准规格的 A1 图幅,横幅绘制,流程简单的可用 A2 图幅。

(2)比例　管道及仪表流程图不按比例绘制,但应示意出各设备相对位置的高低。一般设备(机器)图例只取相对比例,实际尺寸过大的设备(机器)可适当缩小比例,实际尺寸过小的设备(机器)可适当放大比例。整个图面要协调、美观。

(3)图线和字体　图线和字体的具体要求,见附表 9-1、附表 9-2。

4.1.2.1.3　工艺管道及仪表流程图内容和深度

(1)设备的绘制和标注　绘出工艺设备一览表所列的所有设备(机器),图形线条宽度为 0.15 mm 或 0.25 mm。管道及仪表流程图中常见设备、机器图例,见附表 9-3。

设备、机器上的所有接口(包括人孔、手孔、卸料口等)应全部画出,其中与配管有关以及与外界有关的管口(如直连阀门的排液口、排气口、放空口及仪表接口等)也必须画出。

标注设备位号:每台设备只编一个位号,由 4 个单元组成,见表 4-1-2。

表 4-1-2　设备位号(摘自 HG/T 20519.2—2009)

设备位号			P0104A
第 1 单元	P	设备类别代号	按设备类别编制不同的代号,一般取设备英文名称的第一个字母(大写)作代号,具体规定见表 4-1-3
第 2 单元	01	主项编号	按工程规定的主项编号填写,采用两位数字,从 01 开始,最大为 99
第 3 单元	04	设备顺序号	按同类设备在工艺流程中流向的先后顺序编制,采用两位数字,从 01 开始,最大为 99
第 4 单元	A	相同设备的数量尾号	两台或两台以上相同设备并联时,它们的位号前 3 项完全相同,用不同的数量尾号予以区别。按数量和排列顺序依次以大写英文字母 A、B、C…作为每台设备的尾号

表 4 - 1 - 3　设备类别代号（摘自 HG/T 20519.2—2009）

设备类别	代号	设备类别	代号
塔	T	火炬、烟囱	S
泵	P	容器（槽、罐）	V
压缩机、风机	C	起重运输设备	L
换热器	E	计量设备	W
反应器	R	其他机械	M
工业炉	F	其他设备	X

　　同一设备在施工图设计和初步设计中位号是相同的。初步设计经审查批准取消的设备及其位号，在施工图设计中不再出现；新增的设备则应重新编号，不准占用已取消的位号。

　　设备位号在流程图、设备布置图及管道布置图中书写时，在规定的位置画一条粗实线表示设备位号线（一般是在图的上方或下方，要求排列整齐，并尽可能正对设备），在位号线的上方书写设备位号，下方标注设备名称。当几个设备或机器为垂直排列时，它们的位号和名称可以由上而下按顺序标注，也可水平标注。设备（机器）的位号和名称标注如图 4 - 1 - 2 所示。

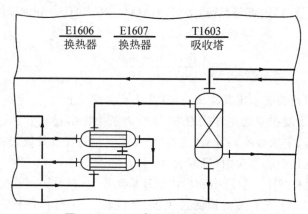

图 4 - 1 - 2　设备位号和名称的标注

　　（2）管道、阀门和管件的绘制和标注　　绘出和标注全部管道，包括阀门、管件、管道附件。管线、阀门、管件和管道附件要按标准规定进行绘制，图例见附表 9 - 4。线条规定按附表中相关标准规定执行，阀门图例尺寸一般为长 4 mm、宽 2 mm 或长 6 mm、宽 3 mm。

　　绘出和标注全部工艺管道以及与工艺有关的一段辅助及公用管道，绘出和标注上述管道上的阀门、管件和管道附件（不包括管道之间的联结件，如弯头、三通、法兰等），但为安装和检修等原因所加的法兰、螺纹联结件等仍需绘出和标注。

　　工艺管道包括正常操作所用的物料管道，工艺排放系统管道，开、停车和必要的临时管道。对于每一根管道均要进行编号和标注，管道组合号见表 4 - 1 - 4。

表 4 - 1 - 4　管道组合号（摘自 HG/T 20519.2—2009）

管道组合号		PG - 13 10 - 300 - A1A - H	
第 1 单元	PG	物料代号	按附表 9 - 5 填写
第 2 单元	13	主项编号	按工程规定的主项编号填写，采用两位数字，从 01～99
第 3 单元	10	管道序号	相同类别的物料在同一主项内以流向先后为序，顺序编号，采用两位数字，从 01～99
第 4 单元	300	管道规格	一般标注公称直径，以 mm 为单位，只注数字，不注单位。例如，DN200 的公制管道，只需标注"200"；2 in 的英制管道，则表示为"2″"
第 5 单元	A1A	管道等级	A1A —— 表示管道材质的类别代号（见附表 9 - 8） —— 表示管道材料等级的顺序号 —— 表示管道的公称压力代号（见附表 9 - 7）
第 6 单元	H	绝热或隔声代号	详见附表 9 - 9

（第 2～4 单元合称"管段号"）

注意：当工艺流程简单、管道品种规格不多时，则管道组合号中的第 5、6 两单元可省略。第 4 单元管道尺寸可直接填写管子的外径×壁厚，并标注工程规定的管道材料代号（见附表 9 - 8）。也可将管段号、管径、管道等级和绝热（或隔声）代号分别标注在管道的上下（左右）方，如下所示为

$$\frac{PG1310—300}{A1A—H}$$

每根管道都要以箭头表示出其物流方向（箭头画在管线上）。图上的管道与其他图纸有关时，一般将其端点绘制在图的左方或右方，以空心箭头标出物流方向（入或出），注明管道编号或来去设备位号、主项号或装置号（或名称）及其所在的管道及仪表流程图图号，该图号或图号的序号写在前述空心箭头内（见附表 9 - 4）。

（3）仪表的绘制和标注　应绘出和标注全部检测仪表、调节控制系统、分析取样系统。

绘出和标注全部与工艺有关的检测仪表、调节控制系统、分析取样点和取样阀（组），其符号、代号和表示方法除见附录 9 中的规定外，还须符合专业规定。

检测仪表按其检测项目、功能、位置（就地或控制室）进行绘制和标注。仪表位号的组成表示为

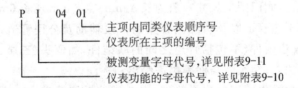

仪表位号在图中的画法及标注，如图 4 - 1 - 3 所示。

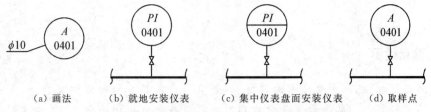

| (a) 画法 | (b) 就地安装仪表 | (c) 集中仪表盘面安装仪表 | (d) 取样点 |

图 4 – 1 – 3　仪表位号在图中的表示方法

调节控制系统按其具体组成形式（单阀、四阀等），将所包括的管道、阀门、管件、管道附件画出，对其调节控制的项目、功能、位置分别注出，其编号由仪表专业确定。调节阀自身的特征也要注明，如传动形式：气动、电动或液动，气开或气闭，有无手动控制机构，阀本体或阀组是否有排放阀和其他特征等。必要时，也要标出或说明专业分工和范围。

分析取样点在选定的位置（设备管口或管道）标注和编号，其取样阀（组）、取样冷却器也要绘制和标注或加文字注明，如图 4 – 1 – 3(d) 所示。

 操作示范

工艺管道及仪表流程草图的绘制步骤如下：

第 1 步：选择图纸幅面，布置图形。

第 2 步：绘制带接管口的设备示意图，管道及仪表流程图中的设备图例见附表 9 – 3。

第 3 步：绘制主要流程管线和辅助流程管线，图线用法及宽度见附表 9 – 4。

第 4 步：绘制阀门、仪表、管件等附件，管道及仪表流程图中的阀门及管道附件图例见附表 9 – 4。

第 5 步：标注设备位号、管道代号、仪表位号等信息。

第 6 步：绘制图例。

第 7 步：检查校核图样，完成工艺管道及仪表流程草图的绘制，图 4 – 1 – 4 所示。

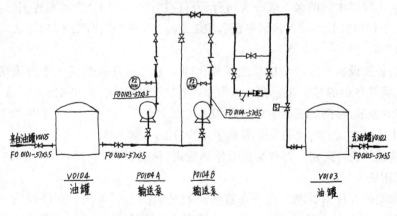

图 4 – 1 – 4　工艺管道及仪表流程草图

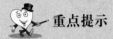 **重点提示**

在满足设计、施工和生产方面的要求,并不会产生混淆和错误的前提下,管道号的数量应尽可能减少。从一台设备管口到另一台设备管口之间的管道,无论其规格或尺寸改变与否,要编一个号;设备管口与管道之间的联结管道也要编一个号;两根管道之间的联结管道也要编一个号。一根管道与多台并联设备相联结时,若此管道作为总管出现,则总管编一个号,总管到各设备的联结支管也要分别编号;若此管不作为总管出现,一端与设备直连(允许有异径管),则此管到离其最远设备的连接管编一个号,与其余各设备间的连接管也分别编号。

4.1.2.2 设备布置草图

在绘制设备布置图时,以工艺管道及仪表流程图、厂房建筑图等资料为依据,充分了解工艺过程的特点和要求、厂房建筑的基本结构等,考虑设备布置的合理性,才能绘制设备布置图。

(1) 设备布置草图的一般规定 从以下几方面考虑。

① 图幅:一般采用 A1 图幅,不宜加长或加宽。遇特殊情况也可采用其他图幅。

② 比例:常用 1∶100,也可采用 1∶200 或 1∶50,主要视装置的设备布置疏密程度、界区的大小和规模而定。但对于大型装置(或主项),需要进行分段绘制设备布置图时,必须采用统一的比例。

③ 尺寸单位:设备布置图中标注的标高、坐标以 m 为单位,小数点后取 3 位数至 mm 为止,其余的尺寸一律以 mm 为单位,只注数字,不注单位。如有采用其他单位标注尺寸时,应注明单位。

④ 图名:标题栏中的图名一般分为两行,上行写"(××××)设备布置图",括号内的内容可以省略,下行写"EL-×.×××平面"、"EL±0.000平面"、"EL+××.×××平面"或"×—×剖视"等。

⑤ 编号:每张设备布置图均应单独编号。同一主项的设备布置图不得采用一个号,并加上第几张、共几张的编号方法。在标题栏中,应注明本类图纸的总张数。

⑥ 标高的表示:标高的表示方法宜用"EL-×.×××"、"EL±0.000"、"EL+×.×××",对于"EL+×.×××"可将"+"省略表示为"EL×.×××"。

(2) 应遵循的设计规定 图线宽度及字体规定,见附表 9-1、附表 9-2。设备布置图上用的图例,见附表 9-3。

(3) 图面安排及视图要求 设备布置图绘制平面图和剖视图。在剖视图中,应有一张表示装置整体的剖视图。对于较复杂的装置或有多层建筑物、构筑物的装置,当平面图表示不清楚时,可绘制多张剖视图或局部剖视图。剖视符号规定用 A—A、B—B、C—C、…大写英文字母或Ⅰ—Ⅰ、Ⅱ—Ⅱ、Ⅲ—Ⅲ、…数字形式表示。

设备布置图一般以联合布置的装置或独立的主项为单元绘制，界区以粗双点画线表示。在设备布置平面图的右上角，应画一个 0°，作为与总图的设计北向一致的方向标，设计北以 PN 表示，如图 4-1-5 所示。

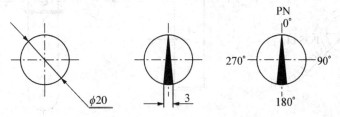

图 4-1-5 设备布置图方向标

对多层建筑物或构筑物，应依次分层绘制各层的设备布置平面图。如在同一张图纸上绘制几层平面时，应从最低层平面开始，在图纸上由下至上或由左至右按层次顺序排列，并在图形下方注明"EL-×.×××平面"、"EL±0.000平面"、"EL+××.×××平面"或"×—×剖视"等。一般情况下，每一层只画一个平面图。当有局部操作平台时，在该平面上可以只画操作台下的设备，局部操作台及其上面的设备可以另画局部平面图。如不影响图面清晰，也可重叠绘制，操作台下的设备画虚线。一个设备穿越多层建筑物、构筑物时，在每层平面上均需画出设备的平面位置，并标注设备位号。各层平面图是以上一层的楼板底面水平剖切的俯视图。

（4）图面表示内容及尺寸标注 按土建专业图纸标注建筑物和构筑物的轴线号及轴线间尺寸，并标注室内外的地坪标高。按建筑图纸所示位置，画出门、窗、墙、柱、楼梯、操作台、下水篦子、吊轨、栏杆、安装孔、管廊架、管沟（注出沟底标高）、明沟（注出沟底标高）、散水坡、围堰、道路、通道等。装置内如有控制室、配电室、生活及辅助间，应写出各自的名称。用虚线表示预留的检修场地，按比例画出，不标注尺寸，图 4-1-6 所示为换热器抽管束。

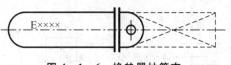

图 4-1-6 换热器抽管束

非定型设备可适当简化，画出其外形，包括附属的操作台、梯子和支架（注出支架图号）。无管口方位图的设备，应画出其特征管口（如人孔），并表示方位角。对卧式设备，应画出其特征管口或标注固定端支座。对动设备，可只画基础，标示出特征管口和驱动机的位置。在设备中心线的上方标注设备位号，下方标注支承点的标高（如 POS EL+××.×××）或主轴中心线的标高（如 CEL+××.×××）。对设备的类型和外形尺寸，可根据工艺专业提供的设备数据表中给出的有关数据和尺寸；如设备数据表中未给出有关数据和尺寸的设备，应按实际外形简略画出。设备的平面定位尺寸如图 4-1-7 所示。

① 设备的基准线。对设备的平面定位尺寸，尽量以建、构筑物的轴线或管架、管廊的中心线为基准线进行标注。其中，对卧式容器和换热器，以设备中心线和固定端或滑动端中心线为基准线；对立式反应器、塔、槽、罐和换热器，以设备中心线为基准线；离心式泵、压缩机、鼓风机、蒸汽透平，以中心线和出口管中心线为基准线；对往复式泵、活塞式压缩机，以缸中心线

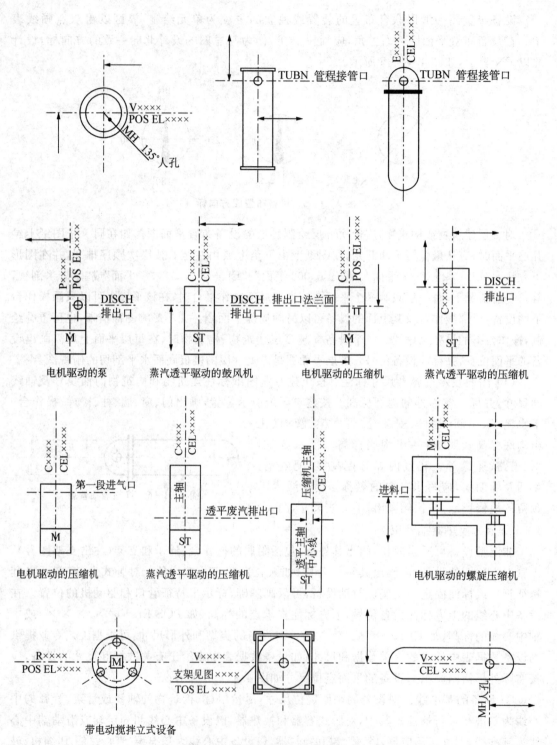

图 4 - 1 - 7　设备的平面定位尺寸

和曲轴(或电动机轴)中心线为基准线;对板式换热器,以中心线和某一出口法兰端面为基准线;对直接与主要设备有密切关系的附属设备,如再沸器、喷射器、回流冷凝器等,应以主要设备的中心线为基准予以标注。

②设备的标高。其中,卧式换热器、槽、罐以中心线标高表示(如 CEL＋××.×××);立式、板式换热器以支承点标高表示(如 POS EL＋××.×××);反应器、塔和立式槽、罐以支承点标高表示(如 POS EL＋××.×××);泵、压缩机以主轴中心线标高或以底盘底面标高(即基础顶面标高)表示(如 POS EL＋××.×××);对管廊、管架,注出架顶的标高(如 TOS EL＋××.×××)。

当同一位号的设备多于 3 台时,在平面图上可以表示首末两台设备的外形,中间的仅画出基础,或用双点画线的方框表示。对剖视图中的设备,应表示出相应的标高。在平面图上,应有表示重型或超限设备吊装的预留空地和空间。在框架上抽管束需要用起吊机具时,宜在需要最大起吊机具的停车位置上画出最大起吊机具占用位置的示意图。对于进出装置区有装卸槽车的,宜将槽车外形图示意画在其停车位置上。

对有坡度要求的地沟等构筑物,应标注其底部较高一端的标高,同时标注其坡向及坡度。在平面图上,应表示平台的顶面标高、栏杆、外形尺寸。需要时,在平面图的右下方可以列一个设备表,此表内容可以包括设备位号、设备名称、设备数量。

(5)图中附注　附注包括:

① 剖视图见图号××××。

② 地面设计标高为 EL±0.000。

③ 本图尺寸除标高、坐标以 m 计外,其余按 mm 计。

④ 附注写在标题栏的正上方。

(6)修改栏　应按设计管理规定加修改栏,在每次修改版中按设计管理的统一要求填写修改标记、内容、日期及签署。

(7)分区索引图　对大型装置(有分区),在设备布置图 EL±0.000 平面图的标题栏上方,绘制缩小的分区索引图,并用阴影线表示出该设备布置图在整个装置中的位置。

 操作示范

设备布置草图的绘制步骤如下:

第 1 步:确定视图位置和数量。首先考虑平面图的布置,对较复杂的设备布置图,除平面图外,还应画出有关立面图或剖视图。

第 2 步:选定比例,确定图幅。当图形过多时,平面图、剖视图可分张绘制。

第 3 步:绘制设备布置平面图。

① 用细点画线画出建筑定位轴线,用细实线画出与设备布置有关的厂房的基本结构。

② 用细实线绘制支架、操作平台等,用细点画线绘制设备的中心线,确定设备位置。

③ 用粗实线画出设备的基本轮廓。

④ 绘制标注厂房、设备定位尺寸的尺寸界线、尺寸线、尺寸线终端(斜线)。

⑤ 标注厂房定位轴线的编号、设备位号与名称。

第4步:绘制设备布置剖视图。

① 用细实线画出厂房剖视图。与设备安装定位关系不大的门窗等构件和表示墙体材料的图例,在剖视图上则一概不予表示。

② 用粗实线画出设备立面示意图,被遮挡的设备轮廓一般不予画出。

第5步:在平面图右上角绘制安装方向标。

第6步:测量并标注定位尺寸及标高。

第7步:标注设备位号、定位轴线等。

第8步:检查校核图样,完成设备布置草图的绘制,如图4-1-8所示。

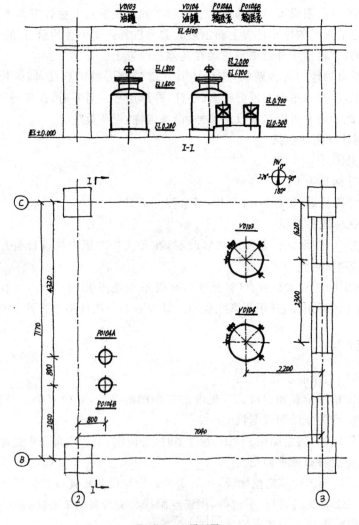

EL±0.000 平面图

图4-1-8 设备布置草图

4.1.2.3　管道布置草图

管道布置图又称管道安装图或配管图,主要用于表达车间或装置内管道的空间位置、尺寸规格,以及与机器、设备的联结关系。管道布置图是管道安装施工的重要依据。

(1) 管道布置图的一般规定　从以下几个方面考虑。

① 图幅:管道布置图图幅应尽量采用 A1,较简单的也可采用 A2,较复杂的可采用 A0,同区的图应采用同一种图幅,图幅不宜加长或加宽。

② 比例:常用比例为 1:50,也可采用 1:25 或 1:30,但同区的或各分层的平面图应采用同一比例。

③ 尺寸单位:管道布置图中标注的标高、坐标以 m 为单位,小数点后取 3 位数至 mm 为止;其余的尺寸一律以 mm 为单位,只注数字,不注单位。管子公称直径一律用 mm 表示。

④ 标高的表示:地面设计标高表示为 EL±0.000。

⑤ 图名:标题栏中的图名一般分成两行书写,上行写"管道布置图",下行写"EL××.×××平面"或"A—A、B—B…剖视"等。

⑥ 尺寸线始末应标绘箭头,不按比例画图的尺寸应在其下面画一道横线(轴测图除外)。

⑦ 尺寸应写在尺寸线的上方中间,并且平行于尺寸线。

(2) 管道布置图图面表示和尺寸标注　管道布置图以平面图为主,当平面图中局部表示不够清楚时,可绘制剖视图或轴测图,该剖视图或轴测图可画在管道平面布置图边界线以外的空白处(不允许在管道平面布置图内的空白处再画小的剖视图或轴测图),或绘在单独的图纸上。绘制剖视图时要按比例画,可根据需要标注尺寸。轴测图可不按比例,但应标注尺寸,且相对尺寸正确。剖视符号规定用 A—A、B—B 等大写英文字母表示,在同一小区内符号不得重复。平面图上要表示所剖切面的剖切位置、方向及编号,必要时标注网格号。

在绘有平面图的图纸右上角,应画一个与设备布置图的设计北向一致的方向标。

(3) 管道布置图上建(构)筑物的表示内容　包括:

① 建筑物和构筑物应按比例,根据设备布置图画出柱、梁、楼板、门、窗、楼梯、操作台、安装孔、管沟、篦子板、散水坡、管廊架、围堰、通道等。

② 标注建筑物、构筑物的轴线号和轴线间的尺寸。

③ 标注地面、楼面、平台面、吊车、梁顶面的标高。

④ 按比例用细实线标出电缆托架、电缆沟、仪表电缆盒、架的宽度和走向,并标出底面标高。

⑤ 生活间及辅助间,应标出其组成和名称。

(4) 管道布置图上设备应表示的内容　包括:

① 用细实线按比例在设备布置图所确定的位置,画出设备的简略外形和基础、平台、梯子(包括梯子的安全护圈)。

② 在管道布置图上的设备中心线上方标注与流程图一致的设备位号,下方标注支承点的标高(如 POS EL××.××××)或主轴中心线的标高(如 CEL××.×××)。剖视图上的设备位号应标注在设备近侧或设备内。

③ 按设备布置图标注设备的定位尺寸。

④ 按比例画出卧式设备的支撑底座,并标注固定支座的位置。如支座下为混凝土基础时,应按比例画出基础的大小,不需标注尺寸。

⑤ 对于立式容器,还应表示出裙座人孔的位置及标记符号。

⑥ 对于工业炉,凡是与炉子平台有关的柱子及炉子外壳和总管联结的外形、风道、烟道等,均应标示出。

(5) 管道布置图上管道应表示的内容 包括:

① 管道布置图中,公称直径(DN)大于和等于 400 mm 或 16 in 的管道用双线表示,小于和等于 350 mm 或 14 in 的管道用单线表示。如大口径的管道不多时,则公称直径(DN)大于和等于 250 mm 或 10 in 的管道用双线表示,小于和等于 200 mm 或 8 in 者用单线表示。

② 在适当位置画箭头表示物料流向(双线管道箭头画在中心线上)。

③ 按比例画出管道及管道上的阀门、管件(包括弯头、三通、法兰、异径管、软管接头等管道连接件)、管道附件、特殊管件等。

④ 各种管件联结型式如图 4-1-9 所示,焊点位置应按管件长度比例画。标注尺寸时,应考虑管件组合的长度。管道公称直径小于和等于 200 mm 或 8 in 的弯头,可用直角表示,双线管用圆弧弯头表示。

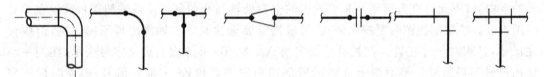

图 4-1-9 管件联结型式

⑤ 管道的检测元件(压力、温度、流量、液面、分析、料位、取样、测温点、测压点等)在管道布置平面图上用 ϕ10 mm 的圆圈表示,圆内按工艺管道及仪表流程图检测元件的符号和编号填写。在检测元件的平面位置处,用细实线把圆圈连接起来。

⑥ 按比例用细点画线表示就地仪表盘、电气盘的外轮廓及所在位置,但不必标注尺寸,以避免与管道相碰。

⑦ 当几套设备的管道布置完全相同时,允许只绘一套设备的管道,其余可简化为方框表示,但在总管上应绘出每套支管的接头位置。

⑧ 不标注法兰之间垫片的尺寸,但是必须把这部分包括在所在管道的总尺寸内。

⑨ 管道布置图中若有管道难以表示清楚时,可采用局部详图的方式表示。该详图可以是局部放大的剖视图(按比例),也可是局部轴测图(不按比例)。局部详图可绘制在本图的空白处,也可绘制在另外的图纸上。局部剖视图用剖视符号表示,局部轴测图用如下符号表示:

10	→ "10" 表示详图编号
34	→ "34" 表示详图所在图的图纸尾号,若画在本图空白处,则用"～"表示
E3	→ "E3" 表示详图所在图的网格号

方框尺寸为 12 mm×15 mm,字高为 3 mm。

在局部轴测图的下方,应注明详图编号及该详图所表示的原图图纸尾号及网格号,以便查找所在的位置。

⑩ 按工艺管道及仪表流程图,在管道上方标注(双线管道在中心线上方)介质代号、管道编号、公称直径、管道等级及绝热型式,下方标注(双线管道在中心线下方)管道标高(标高以管道中心线为基准时,只需标注数字,如 EL××.×××;以管底为基准时,在数字前加注管底代号,如 BOP EL××.×××),表示为

$$\xrightarrow{\text{SL}1305-100-\text{B}1\text{A}-\text{H}}{\text{EL}××.×××}\qquad\xrightarrow{\text{SL}1305-100-\text{B}1\text{A}-\text{H}}{\text{BOP EL}××.×××}$$

⑪ 管道布置平面图尺寸标注:对于管道定位尺寸,以建筑物或构筑物的轴线、设备中心线、设备管口中心线、区域界线(或接续图分界线)等作为基准进行标注;对于异径管,应标出前后端管子的公称直径,如 DN80/50 或 80×50。在管道布置平面图上,不标注管段的长度尺寸,只标注管子、管件、阀门、过滤器、限流孔板等元件的中心定位尺寸或以一端法兰面定位尺寸。

标注仪表控制点的符号及定位尺寸:对于安全阀、疏水阀、分析取样点、特殊管件在有标记时,应在 ϕ10 mm 圆内标注它们的符号。为了避免在间隔很小的管道之间标注管道号和标高而缩小书写尺寸,允许用附加线标注标高和管道号,此线穿越各管道并指向被标注的管道。水平管道上的异径管以大端定位,螺纹管件或承插焊管件以一端定位。

按比例画出人孔、楼面开孔、吊柱(其中用细实双线表示吊柱的长度,用细点画线表示吊柱活动范围),不需标注定位尺寸。

(6) 管架编号及表示法 具体如下:

① 管架编号及表示法的规定为

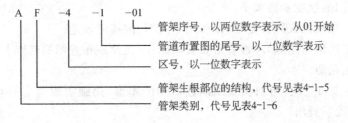

表 4-1-5 管架生根部位的结构代号

管架生根部位的结构	英文	代号
混凝土结构	CONCRETE	C
地面基础	FOUNDATION	F

管架生根部位的结构	英文	代号
钢结构	STEEL	S
设备	VESSEL	V
墙	WALL	W

表 4 - 1 - 6　管架类别代号

管架类别	英文	代号
固定架	ANCHOR	A
导向架	GUIDE	G
滑动架	RESTING	R
吊架	RIGID HANGER	H
弹吊	SPRING HANGER	S
弹簧支座	SPRING PEDESTAL	P
特殊架	ESPECIAL SUPPORT	E
轴向限位架(停止架)		T

② 管架定位:对水平向管道的支架,标注其定位尺寸;对垂直向管道的支架,标注支架顶面或支承面(如平台面、楼板面、梁顶面)的标高。

③ 在管道布置图中每个管架均编一个独立的管架号。

 操作示范

管道布置草图的绘制步骤如下:

第 1 步:确定视图位置和数量,本任务用平面图、剖视图表达。

第 2 步:选定比例与图幅,考虑管道布置和标注,在设备布置图的基础上放大比例绘制。

第 3 步:绘制视图。

① 按设备布置布置图,用细实线绘制建筑物的图形,用细实线画出所有设备。平面图和立面图按投影关系画出。

② 按设备布置图和工艺流程图,绘制与设备相连的所有管道。

③ 绘制管道上的管件、管架、阀门、仪表等控制点符号。

④ 绘制尺寸界线、尺寸线、尺寸线终端。

⑤ 绘制定位轴线。

⑥ 绘制方向标。

第4步:标注。

① 测量并标注定位尺寸。

② 测量并标注标高。

③ 标注设备位号、管道代号、仪表位号、管架编号等内容。

第5步:绘制图例说明。

第6步:检查校核图样,完成管道布置草图的绘制,如图4-1-10所示。

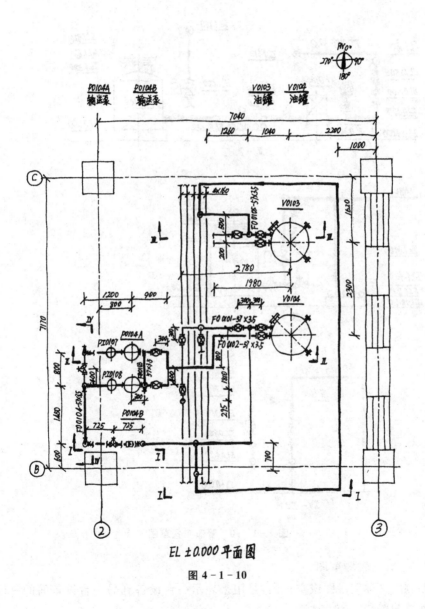

EL ±0.000平面图

图 4-1-10

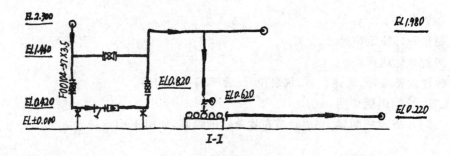

I-I

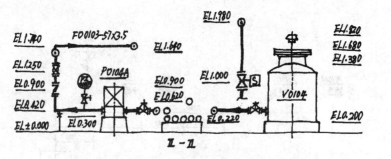

II - II

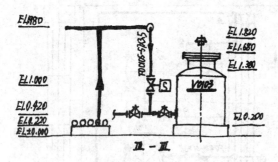

III - III

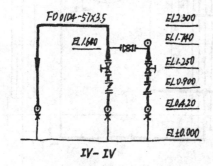

IV - IV

图 4 - 1 - 10　管道布置草图

4.1.2.4　管道轴测草图

管道轴测图又称管段图或空视图,是用来表示一台设备到另一台设备间的一段管道及其所附管件等配置情况的立体图。

（1）管道轴测图图面表示　管道轴测图按正等轴测投影绘制。管道的走向按方向标的规定，如图 4-1-11 所示，这个方向标的北（N）向与管道布置图上的方向标的北向应是一致的。管道轴测图图线的宽度见附表 9-1，管道、管件、阀门和管道附件的图例见附表 9-4。

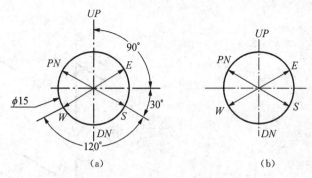

(a)　　　　　　　　　　　　(b)

图 4-1-11　管道轴测图方向标

图中文字，除规定的缩写词用英文字母外，其他用中文。管道轴测图不必按比例绘制，但各种阀门、管件之间的比例要协调，它们在管段中位置的相对比例也要协调，如图 4-1-12 中的阀门，应清楚地表示它是紧接弯头而离三通较远。

阀门的手轮用一短线表示，短线与管道平行。阀杆中心线按所设计的方向画出，如图 4-1-12 与图 4-1-13 所示。管道上的环焊缝以圆表示。对水平走向的管段中的法兰，画垂直短线表示，如图 4-1-12 所示。对垂直走向的管段中的法兰，一般是画与邻近的水平走向的管段相平行的短线表示，如图 4-1-14 所示。

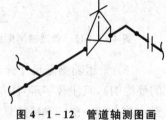

图 4-1-12　管道轴测图画法（一）

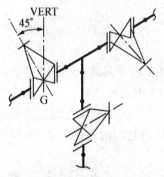

图 4-1-13　管道轴测图画法（二）

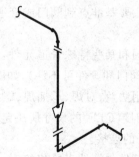

图 4-1-14　管道轴测图画法（三）

螺纹联结与承插焊联结均用一短线表示，在水平管段上此短线为垂直线，在垂直管段上，此短线与邻近的水平走向的管段相平行，如图 4-1-14 所示。管道一律用单线表示，在管道的适当位置上画流向箭头。管道号和管径注在管道的上方，水平向管道的标高"EL"注在管道的下方,如图 4-1-15 所示。不需注管道号和管径仅需注标高时,标高可注在管道的上方或下方,如图 4-1-16 所示。

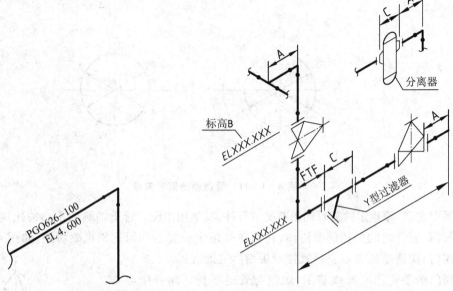

图 4-1-15　管道轴测图画法(四)　　　图 4-1-16　管道轴测图画法(五)

(2) 管道轴测图尺寸标注　除标高以 m 计外,其余所有尺寸均以 mm 为单位(其他单位的要注明),只注数字,不注单位,可略去小数。但几个高压管件直接相接时,其总尺寸应注至小数点后一位。除特殊规定外,垂直管道不注长度尺寸,而以水平管道的标高"EL"表示,如图 4-1-16 所示。

管道上带法兰的阀门和管道元件的尺寸标注法:

① 注出从主要基准点到阀门或管道元件的一个法兰面的距离,如图 4-1-16 中的尺寸 A 和标高 B。

② 对调节阀和某些特殊管道元件,如分离器和过滤器等,需注出它们法兰面至法兰面的尺寸(对标准阀门和管件可不注),如图 4-1-16 中的尺寸 C。

③ 管道上用法兰、对焊、承插焊、螺纹联结的阀门或其他独立的管道元件的位置是由管件与管件直接相接(FTF)的尺寸所决定时,不要注出它们的定位尺寸,如图 4-1-16 中的 Y 形过滤器与弯头的连接。

④ 定型的管件与管件直接相接时,其长度尺寸一般可不必标注,但如涉及管道或支管的位置时,也应注出,如图 4-1-16 中的尺寸 D。

螺纹联结和承插焊联结的阀门,定位尺寸在水平管道上应标注到阀门中心线,在垂直管道上应标注阀门中心线的标高"EL",如图 4-1-17 所示。不是管件与管件直连时,异径管和锻制异径短管一律以大端标注位置尺寸,如图 4-1-18 所示。

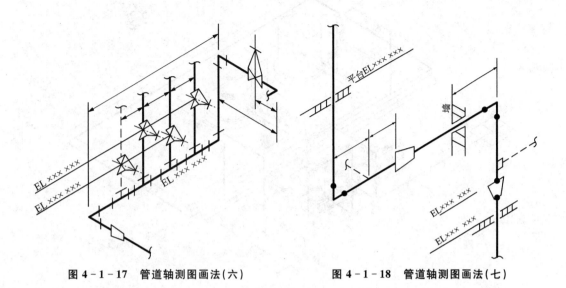

图 4-1-17 管道轴测图画法(六)　　　　图 4-1-18 管道轴测图画法(七)

操作示范

绘制管道轴测草图的步骤如下：

第 1 步：了解被测单元的设备，用细实线画出设备的轮廓示意图，一般不按比例，但应保持它们的相对大小，相同设备或机器只画一台。

第 2 步：了解被测单元的物料及管道，用粗实线来绘制主要物料的工艺流程线，用中粗实线绘制辅助物料的工艺流程线，用箭头标明物料的流向。

第 3 步：了解被测单元的管件、阀门、仪表控制点，用细实线绘制管件、阀门、仪表等附件。

第 4 步：绘制方向标。

第 5 步：标注设备位号、管道代号及仪表位号。

第 6 步：标注定位尺寸及标高。

第 7 步：检查、校核图样，完成管道轴测草图的绘制，如图 4-1-19 所示。

4.1.3　绘制工作图

认真校对草图，使各草图中设备位号、管道代号等信息一致，检查、修改无误后，即可绘制工作图。罐内调合单元的工艺管道及仪表流程图、设备布置图、管道布置图的工作图，如图 4-1-20～图 4-1-22 所示。

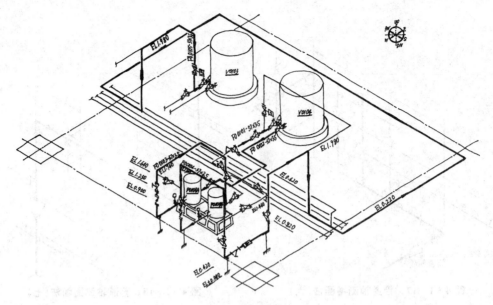

图 4 - 1 - 19   管道轴测示意草图

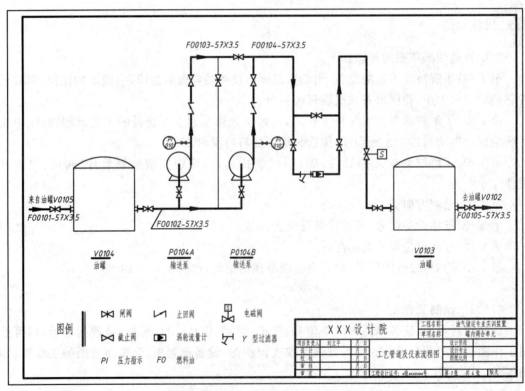

（a）图形

图 4 - 1 - 20

（b）标题栏的格式与内容

图 4-1-20 工艺管道及仪表流程图

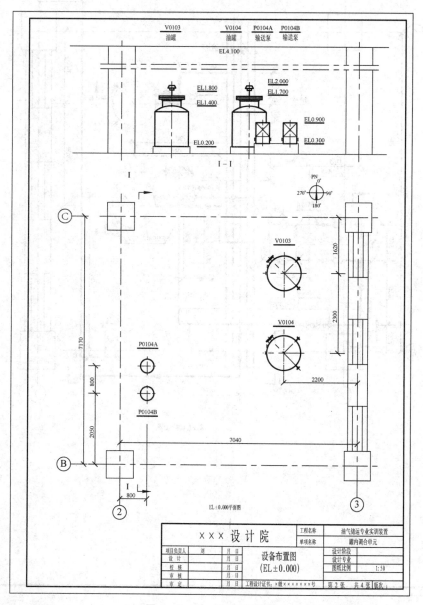

图 4-1-21 设备布置图

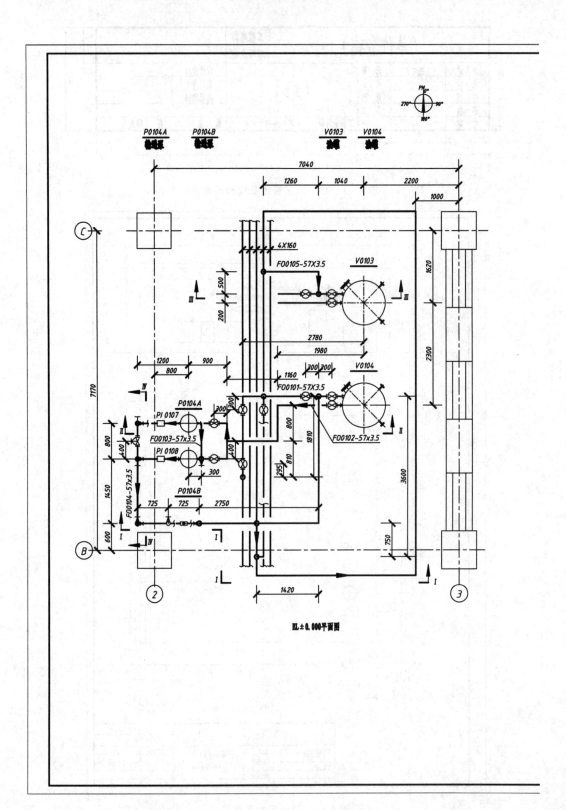

EL±0.000平面图

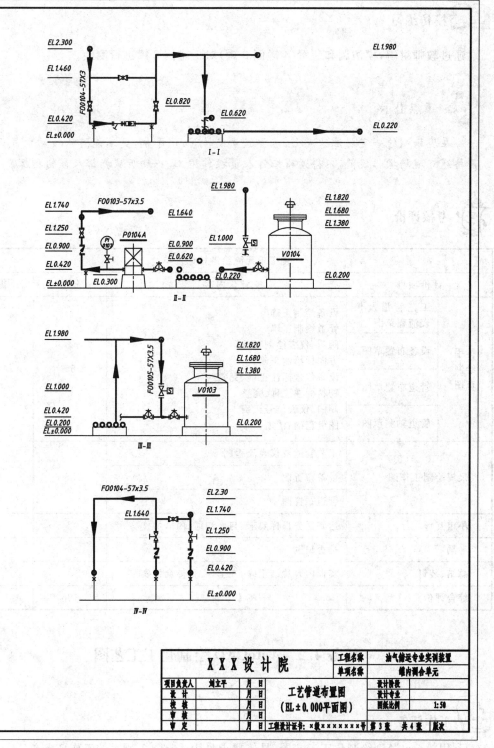

图 4-1-22　管道布置图

 **模仿练习**

通过教师讲解,模仿调和装置(4 罐倒 3 罐)对 1 罐倒 2 罐进行测绘。

 重点提示

在现场测绘一定要注意安全,不要随意旋转阀门、手柄,更不能随意按动电气开关。严格遵守现场操作规范,不得妨碍工作人员操作施工,一切听从指挥人员的指挥。

 考核评价

化工单元测绘考核评价单				
评价项目		评价内容	分值	得分
徒手绘制草图	工艺管道及仪表流程草图	设备绘制正确 管道绘制正确 阀门、仪表绘制正确 方向标绘制正确 设备位号标注正确、完整 物料标注正确、完整 阀门、仪表位号正确 图例正确、清晰	55	
	设备布置草图			
	管道布置草图			
	管道轴测草图			
尺规绘制工作图	工艺管道及仪表流程图		35	
	设备布置图			
	管道布置图			
小组互评	达到任务目标要求、与人沟通、团队协作		2	
考勤	是否缺勤		3	
总结、装订	实训内容总结正确、齐全,心得体会详实		5	
综合评价			100	

任务 4.2 AutoCAD 绘制化工工艺图

 工作任务

利用 AutoCAD 绘制化工工艺图,具体要求见表 4 - 2 - 1 所示的工作任务单。

表 4 - 2 - 1　工作任务单

任务介绍	在教师的指导下,利用 AutoCAD 软件完成化工工艺图绘制任务		
任务要求	任务: 利用 AutoCAD 绘制工艺管道及仪表流程图 利用 AutoCAD 绘制设备布置图 利用 AutoCAD 绘制管道布置图 利用 AutoCAD 绘制管道轴测图 要求: ① 正确设置图形界限 ② 正确设置图层,合理应用 ③ 正确设置文字样式和标注样式,合理应用 ④ 正确绘制图形 ⑤ 正确进行标注 ⑥ 标题栏格式内容规范、正确 ⑦ 图纸布局合理		
所需工具、设备	网络教室、局域网、AutoCAD 软件,计算机每人一套		
任务实施	学习情境	实施过程	结果形式
	绘制工艺管道及仪表流程图	教师讲解、示范、辅导、答疑 学生计算机绘图	完成工艺管道及仪表流程图 A1(或 A2)图纸
	绘制设备布置图	教师讲解、示范、辅导、答疑 学生计算机绘图	完成设备布置图 A1(或 A2)图纸
	绘制管道布置图	教师讲解、示范、辅导、答疑 学生计算机绘图	完成管道布置图 A1(或 A2)图纸
	绘制管道轴测图	教师讲解、示范、辅导、答疑 学生计算机绘图	完成管道轴测图 A1(或 A2)图纸
学习重点	AutoCAD 绘制工艺管道及仪表流程图,AutoCAD 绘制设备布置图,AutoCAD 绘制管道布置图		
学习难点	图层的设置与使用,文字样式、尺寸样式的设置与使用 带属性块的创建与插入,绘图技巧		
任务总结	学生提出实训过程中存在的问题,解决并总结 教师根据实训过程中学生存在的共性问题,讲评并解决		
任务考核	见任务考核评价单		

任务实施

4.2.1　绘制工艺管道及仪表流程图

绘制图 4 - 1 - 20 所示的工艺管道及仪表流程图,具体操作如下。

第 1 步:设置图形界限(A1 幅面)。

单击"格式"|"图形界限"重新设置模型空间界限:

指定左下角点或[开(ON)/关(OFF)]〈0.0000,0.0000〉:

指定右上角点〈420.0000，297.0000〉：841,594 （回车）

第2步：设置图形单位、图层。

参照项目二设置图形单位和图层。工艺管道及仪表流程图所需图层设置见表4-2-2。

表4-2-2　工艺管道及仪表流程图中图层的设置

序号	名称	颜色	线型	线宽
1	主要物料流程线	白色	continuous	0.6~0.9 mm
2	辅助物料流程线	自定	continuous	0.3~0.5 mm
3	设备	自定	continuous	0.15~0.25 mm 或默认
4	接管	自定	continuous	0.15~0.25 mm 或默认
5	阀门	自定	continuous	0.15~0.25 mm 或默认
6	仪表	自定	continuous	0.15~0.25 mm 或默认
7	图框粗实线	白色	continuous	0.5 mm
8	图框细实线	绿色	continuous	默认
9	标注	自定	continuous	默认

第3步：设置文字样式和尺寸样式。

参照项目二设置文字样式和尺寸样式。文字样式设置，见表4-2-3。

表4-2-3　文字的设置

新建样式名	字体名	字体			效果
		大字体	字体样式	高度	宽度比例
数字字母	℻ gbeitc.shx	℻ gbcbig.shx	—	0.000	1.0
汉字	T 仿宋_GB2312	—	常规	0.000	0.7

第4步：绘制图框、标题栏。

用"矩形"、"直线"等命令绘制A1幅面图框，图框尺寸见附表8-1。用"直线"、"偏移"、"修剪"等命令绘制标题栏，标题栏格式见图4-1-20(b)。

第5步：绘制设备。

单击"命令"|"直线"、"矩形"、"椭圆"、"圆"、"修剪"等，绘制设备如图4-2-1所示。

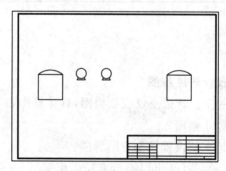

图4-2-1　绘制设备

第 6 步:绘制管道流程线。

绘制主要物料流程线,绘制辅助物料流程线。绘制表示物料流向的箭头:

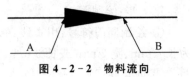

图 4 - 2 - 2 物料流向

① 用多段线绘制箭头,如图 4 - 2 - 2 所示。

命令:_pline

指定起点: (在表示物料直线的适当位置,如 A 点单击鼠标)

当前线宽为 0.0000

指定下一个点或[圆弧(A)/半宽(H)/长度(L)/放弃(U)/宽度(W)]:w   (输入 W)

指定起点宽度⟨0.0000⟩:3   (输入适当宽度,如 3)

指定端点宽度⟨3.0000⟩:0   (输入 0)

指定下一个点或[圆弧(A)/半宽(H)/长度(L)/放弃(U)/宽度(W)]:

                                                     (在适当位置,如 B 点单击鼠标)

指定下一点或[圆弧(A)/闭合(C)/半宽(H)/长度(L)/放弃(U)/宽度(W)]:   (回车)

② 创建箭头块。单击"创建块",弹出"块定义"对话框,拾取插入基点如图 4 - 2 - 3(a) 所示,选择对象如图 4 - 2 - 3(b)所示,单击【确定】。

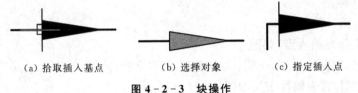

(a) 拾取插入基点   (b) 选择对象   (c) 指定插入点

图 4 - 2 - 3 块操作

③ 插入箭头块。单击"插入块",选择指定插入点如图 4 - 2 - 3(c)所示,插入所有箭头。绘制流程线结果,如图 4 - 2 - 4 所示。

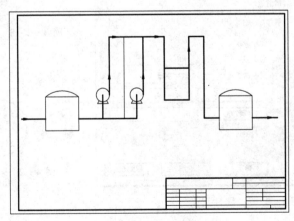

图 4 - 2 - 4 绘制流程线

第7步：绘制阀门。

① 绘制阀门符号：用直线、修剪等命令绘制阀门图例，如图4-2-5所示，阀门尺寸一般为长4 mm、宽2 mm或长6 mm、宽3 mm。

② 创建阀门块。

③ 插入阀门块。

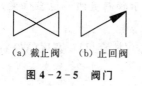

（a）截止阀　（b）止回阀

图4-2-5　阀门

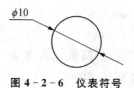

图4-2-6　仪表符号

第8步：绘制仪表。

（1）绘制仪表符号　用细实线绘制直径为10 mm的圆，绘制直线如图4-2-6所示。

（2）定义属性　有以下两种。

① 定义仪表属性：

a：单击"绘图"|"块"|"定义属性"，弹出"属性定义"对话框，如图4-2-7所示。

b：注写属性标记：仪表。

c：注写属性值：PI。

d：在屏幕上指定插入点，如图4-2-8所示。

e：在"文字选项"中，对正：中间；文字样式：数字字母；高度：3.5。

f：单击【确定】，仪表属性定义如图4-2-9所示。

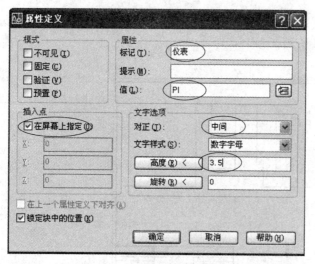

图4-2-7　属性定义

**图4-2-8　仪表属性
插入点**

图4-2-9　仪表属性

② 定义位号属性：

a：单击"绘图"|"块"|"定义属性"，弹出"属性定义"对话框，如图4-2-10所示。

b：注写属性标记：位号。

c：注写属性值：0101。

d：在屏幕上指定插入点，如图 4-2-11 所示。

e：在"文字选项"中，填写文字，如图 4-2-10 所示。

f：单击【确定】，位号属性定义如图 4-1-12 所示。

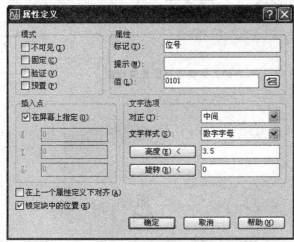

图 4-2-10　定义位号属性

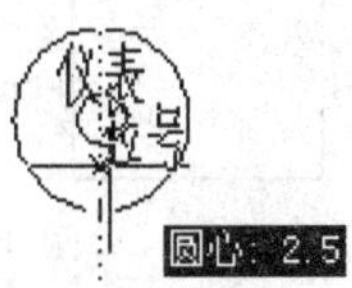

图 4-2-11　位号属性
插入点

图 4-2-12　位号属性

（3）创建仪表块　操作如下：

① 单击"绘图"|"块"|"创建快"，弹出块定义对话框。

② 拾取基点，如图 4-2-13 所示。

③ 选择对象，将图形和属性全部拾取，如图 4-2-14 所示。

④ 单击【确定】，创建如图 4-2-15 所示图块。

图 4-2-13　拾取
基点

图 4-2-14　选择
对象

图 4-2-15　创建
结果

图 4-2-16　插入
块

（4）插入仪表块　命令操作如下：

命令：_insert

指定插入点或[基点(B)/比例(S)/X/Y/Z/旋转(R)]：　　　　　　　　　　（在屏幕上指定）

输入属性值

位号〈0101〉：0102　　　　　　　　　　　　　　　　　　　　　　　　　（输入 0102）

仪表〈PI〉：　　　　　　　　　　　　　　　　　　　　　　　　　　　　　（回车）

插入"0102"结果如图 4-2-16 所示，绘制第 7 步、第 8 步结果如图 4-2-17 所示。

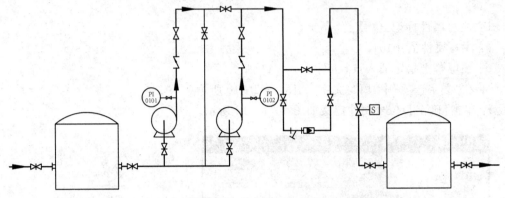

图 4 - 2 - 17　插入阀门、仪表的工艺管道及仪表流程图

第 9 步:标注。

标注设备位号,标注管道代号。

第 10 步:绘制图例。

绘制如图 4 - 2 - 18 所示的图例。

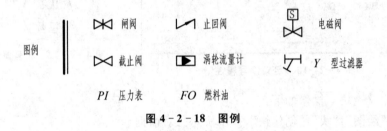

图 4 - 2 - 18　图例

第 11 步:填写标题栏。

检查、修改,完成工艺管道及仪表流程图,如任务 4.1 中的图 4 - 1 - 20 所示。

4.2.2　绘制设备布置图

绘制图 4 - 1 - 21 所示的设备布置图,具体操作如下。

第 1 步:参照 4.2.1 中的任务实施,设置图形界限、图形单位、文字样式、尺寸样式。设置设备布置图所需图层,见表 4 - 2 - 4。

表 4 - 2 - 4　设备布置图中图层的设置

序号	名称	颜色	线型	线宽
1	设备	白色	continuous	0.6~0.9 mm
2	设备支架设备基础	自定	continuous	0.3~0.5 mm
3	土建结构	自定	continuous	0.15~0.25 mm 或默认
4	图框粗实线	白色	continuous	0.5 mm
5	图框细实线	绿色	continuous	默认
6	细点画线	红色	center	默认
7	标注	自定	continuous	默认

第 2 步：用细实线绘制土建结构(厂房)的基本轮廓。

第 3 步：用粗实线绘制设备。

第 4 步：绘制如图 4-1-5 所示的方向标。

第 5 步：标注。

① 标注厂房定位轴线、标高。绘制圆,如图 4-2-19(a)所示。用单行文字命令标注轴线编号：

命令：_dtext

当前文字样式：数字字母   当前文字高度：2.5000

指定文字的起点或[对正(J)/样式(S)]：j   (输入 j)

输入选项

[对齐(A)/调整(F)/中心(C)/中间(M)/右(R)/左上(TL)/中上(TC)/右上(TR)/左中(ML)/正中(MC)/右中(MR)/左下(BL)/中下(BC)/右下(BR)]：m   (输入 m)

指定文字的中间点：   (选择圆心,如图 4-2-19(b)所示)

指定高度〈2.5000〉：5   (输入 5)

指定文字的旋转角度〈0〉：   (回车)

                                                                           (输入 1)

                                                                           (回车)

结果如图 4-2-19(c)所示。

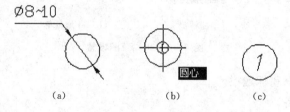

图 4-2-19 轴线编号

② 标注设备的定位尺寸。

③ 标注设备的标高和设备位号。

第 6 步：填写标题栏。

检查、校核,完成设备布置图,如图 4-1-21 所示。

4.2.3 绘制管道布置图

绘制图 4-1-22 所示的管道布置图,具体操作如下。

第 1 步：参照 4.2.1 任务实施,设置图形界限、图形单位、图层、文字样式、尺寸样式。

第 2 步：用细实线绘制土建结构(厂房)的基本轮廓。

第 3 步：用细实线绘制设备。

第 4 步：用粗实线绘制管道。

第 5 步：用细实线绘制阀门、仪表、管件等。

第 6 步:标注建筑物定位轴线、设备定位尺寸、管道定位尺寸。

第 7 步:绘制方向标。

第 8 步:标注设备位号、管道代号。

第 9 步:绘制图例。

第 10 步:填写标题栏。

检查、校核,完成管道布置图,如图 4-1-22 所示。

4.2.4　绘制管道轴测图

绘制图 4-1-19 所示的管道轴测草图,具体操作如下。

第 1 步:设置图形界限(A1 幅面)。

第 2 步:设置图形单位、图层。

第 3 步:设置文字样式和尺寸样式。

第 4 步:草图设置。

单击"工具"|"草图设置",弹出"草图设置"对话框,在"捕捉和栅格"选项卡中,选择"等轴测捕捉",如图 4-2-20(a)所示;在"极轴追踪"选项卡中,极轴角设置增量角改为"30°",如图 4-2-20(b)所示。

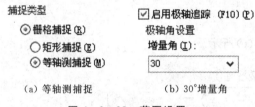

　　(a) 等轴测捕捉　　　　　　　(b) 30°增量角

图 4-2-20　草图设置

第 5 步:绘制图框和标题栏。

第 6 步:绘制设备。

第 7 步:绘制管道流程线。

第 8 步:绘制接管、阀门、仪表等。

第 9 步:标注设备位号、管道代号、仪表位号等。

第 10 步:绘制方向标。

第 11 步:填写标题栏。

检查、校核,完成管道轴测图,如图 4-2-21 所示。

 **模仿练习**

通过教师讲解,模仿调和装置(4 罐倒 3 罐)对 1 罐倒 2 罐绘图方法,利用 AutoCAD 绘制管道轴测图。

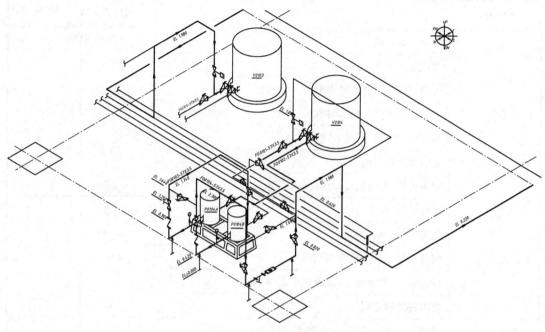

图 4-2-21 管道轴测图

 考核评价

AutoCAD 绘制化工工艺图考核评价单			
评价项目	评价内容	分值	得分
工艺管道及仪表流程图	设备绘制正确	15	
	管道绘制正确		
	设备位号标注正确、完整		
	管道代号、物料流向标注正确、完整		
设备布置图	建筑物绘制正确	15	
	设备绘制正确		
	定位尺寸正确、完整、清晰		
	标高标注正确、完整、清晰		
	方向标绘制正确		
	设备位号标注正确、完整		

评价项目	评价内容	分值	得分
管道布置图	设备绘制正确	40	
	管道绘制正确		
	阀门、仪表、管件绘制正确		
	定位尺寸正确、完整、清晰		
	标高标注正确、完整、清晰		
	方向标绘制正确		
	设备位号、管道代号标注正确、完整		
管道轴测图	设备绘制正确	20	
	管道绘制正确		
	管件、阀门、仪表等绘制正确		
	设备位号、管道代号、仪表标注正确、完整		
	方向标绘制正确		
小组互评	达到任务目标要求、与人沟通、团队协作	2	
考勤	是否缺勤	3	
总结、装订	实训内容总结正确、齐全,心得体会详实	5	
综合评价		100	

附　录

附录1　螺　纹

附表 1－1　普通螺纹直径与螺距系列(摘自 GB/T 196—2003)　　　单位:mm

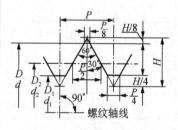

$H=0.866P$
$d_2=d-0.649\,5P$
$d_1=d-1.082\,5P$

D、d 为内、外螺纹大径;
D_2、d_2 为内、外螺纹中径;
D_1、d_1 为内、外螺纹小径
P 为螺距

标记示例:
公称直径 20 的粗牙右旋内螺纹,大径和中径的公差带均为 6H 的标记:
M20－6H
同规格的外螺纹,公差带为 6g 的标记:
M20－6g
上述规格的螺纹副的标记:
M20－6H/6g
公称直径 20、螺距 2 的细牙左旋外螺纹,中径大径的公差带分别为 5g、6g,短旋合长度的标记:
M20×2 左－5g 6g－S

公称直径		螺距 P	中径 D_2、d_2	小径 D_1、d_1	公称直径		螺距 P	中径 D_2、d_2	小径 D_1、d_1
第一系列	第二系列				第一系列	第二系列			
3		0.5	2.675	2.459	6		1	5.350	4.917
		0.35	2.773	2.621			(0.75)	5.513	5.188
	3.5	(0.6)	3.110	2.850		7	1	6.350	5.917
		0.35	3.273	3.121			0.75	6.513	6.188
4		0.7	3.545	3.242	8		1.25	7.188	6.647
		0.5	3.675	3.459			1	7.350	6.917
	4.5	0.75	4.013	3.688			0.75	7.513	7.188
		0.5	4.175	3.959	10		1.5	9.026	8.376
5		0.8	4.48	4.134			1.25	9.188	8.647
		0.5	4.675	4.459			1	9.350	8.917

公称直径		螺距 P	中径 D_2、d_2	小径 D_1、d_1	公称直径		螺距 P	中径 D_2、d_2	小径 D_1、d_1
第一系列	第二系列				第一系列	第二系列			
		0.75	9.513	9.188			2	25.701	24.835
12		1.75	10.863	10.106			1.5	26.026	25.376
		1.5	11.026	10.376			1	26.350	25.917
		1.25	11.188	10.674			3.5	27.727	26.211
		1	11.350	10.917			(3)	28.051	26.752
	14	2	12.701	11.835	30		2	28.701	27.835
		1.5	13.026	12.376			1.5	29.026	28.376
		1	13.350	12.917			1	29.350	28.917
16		2	14.701	13.835			3.5	30.727	29.211
		1.5	15.026	14.376		33	(3)	31.051	29.752
		1	15.350	14.917			2	31.701	30.835
	18	2.5	16.376	15.294			1.5	32.026	31.376
		2	16.701	15.835	36		4	33.402	31.670
		1.5	17.030	16.376			3	34.051	32.752
		1	17.350	16.917			2	34.701	33.835
20		2.5	18.376	17.294			1.5	35.026	34.376
		2	18.701	17.835		39	4	36.402	34.670
		1.5	19.026	18.376			3	37.051	35.752
		1	19.350	18.917			2	37.701	36.835
	22	2.5	20.376	19.294			1.5	38.026	37.376
		2	20.701	19.835	42		4.5	39.077	37.129
		1.5	21.026	20.376			3	40.051	38.752
		1	21.350	20.917			2	40.701	39.835
24		3	22.051	20.752			1.5	41.026	40.376
		2	22.701	21.835		45	4.5	42.077	40.129
		1.5	23.026	22.376			(4)	42.402	40.670
		1	23.350	22.917			3	43.051	41.752
	27	3	25.051	23.752			2	43.701	42.835

公称直径		螺距 P	中径 D_2、d_2	小径 D_1、d_1	公称直径		螺距 P	中径 D_2、d_2	小径 D_1、d_1
第一系列	第二系列				第一系列	第二系列			
		1.5	44.026	43.376			4	53.402	51.670
		5	44.752	42.587			3	54.051	54.752
		(4)	45.402	43.670			2	54.701	53.835
48		3	46.051	44.752			1.5	55.026	54.376
		2	46.701	45.835			5.5	56.428	54.046
		1.5	47.026	46.376			4	57.402	55.67
		5	48.752	46.587		60	3	58.051	56.752
		(4)	49.402	47.670			2	58.701	57.835
	52	3	50.051	48.752			1.5	59.026	58.376
		2	50.701	49.835	64		6	60.103	57.505
		1.5	51.026	50.376			4	61.402	59.670
	56	5.5	52.428	50.046					

注：1. "螺距 P"栏中第一个数值为粗牙螺纹,其余为细牙螺纹。
2. 优先选用第一系列,其次选用第二系列。
3. 括号内尺寸尽可能不用。

附表 1-2　管螺纹　　　　　　　　　　　　单位:mm

用螺纹密封的管螺纹(摘自 GB/T 7306—1987)　　非螺纹密封的管螺纹(摘自 GB/T 7306—1987)

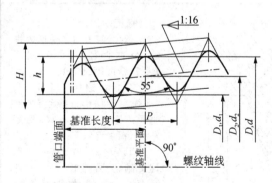
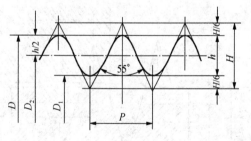

标记示例:
R1/2(尺寸代号 1/2,右旋圆锥外螺纹)
Rc1/2-LH(尺寸代号 1/2,左旋圆锥内螺纹)
Rp1/2(尺寸代号 1/2,右旋圆柱内螺纹)

标记示例:
G1/2-LH(尺寸代号 1/2,左旋内螺纹)
G1/2A(尺寸代号 1/2,A 级右旋外螺纹)

尺寸代号	基面上的直径(GB/T 7306) 基本直径(GB/T 7307)			螺距 P	牙高 h	圆弧半径 r	每 25.4 mm 内的牙数 n	有效螺纹长度 (GB/T 7306)	基准的基本长度 (GB/T 7306)
	大径 $d=D$	中径 $d_2=D_2$	小径 $d_1=D_1$						
1/16	7.723	7.142	6.561	0.907	0.581	0.125	28	6.5	4.0
1/8	9.728	9.147	8.566					6.5	4.0
1/4	13.157	12.301	11.445	1.337	0.856	0.184	19	9.7	6.0
3/8	16.662	15.806	14.950					10.1	6.4
1/2	20.955	19.793	18.631	1.814	1.162	0.249	14	13.2	8.2
3/4	26.441	25.279	24.117					14.5	9.5
1	33.249	31.770	30.291	2.309	1.479	0.317	11	16.8	10.4
1¼	41.910	40.431	28.952					19.1	12.7
1½	47.803	46.324	44.845					19.1	12.7
2	59.614	58.135	56.656					23.4	15.9
2½	75.184	73.705	72.226					26.7	17.5
3	87.884	86.405	84.926					29.8	20.6
4	113.030	111.551	110.072					35.8	25.4
5	138.430	136.951	135.472					40.1	28.6
6	163.830	162.351	160.872					40.1	28.6

附表 1 - 3　梯形螺纹直径与螺距系列(摘自 GB/T 5796.3—2005)　　　　单位:mm

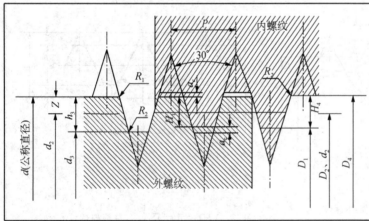

标记示例:

Tr40×7 - 7H(梯形内螺纹,公称直径 $d=40$、螺距 $P=7$、精度等级 7H)

Tr40×14($P7$)LH - 7e(多线左旋梯形外螺纹,公称直径 $d=40$、导程 $=14$、螺距 $P=7$、精度等级 7e)

Tr40×7 - 7H/7e(梯形螺旋副,公称直径 $d=40$、螺距 $P=7$、内螺纹精度等级 7H、外螺纹精度等级 7e)

公称直径 d 第一系列	公称直径 d 第二系列	螺距 P	公称直径 d 第一系列	公称直径 d 第二系列	螺距 P	公称直径 d 第一系列	公称直径 d 第二系列	螺距 P	公称直径 d 第一系列	公称直径 d 第二系列	螺距 P
8		1.5*	28	26	8,5*,3	52	50	12,8*,3		110	20,12*,4
10	9	2*,1.5		30	10,6*,3		55	14,9*,3	120	130	22,14*,6
	11	3,2*	32		10,6*,3	60		14,9*,3	140		24,14*,6
12		3*,2	36	34	10,6*,3	70	65	16,10*,4		150	24,16*,6
	14	3*,2		38	10,7*,3	80	75	16,10*,4	160		28,16*,6
16	18	4*,2	40	42	10,7*,3		85	18,12*,4		170	28,16*,6
20		4*,2	44		12,7*,3	90		18,12*,4	180		28,18*,8
24	22	8,5*,3	48	46	12,8*,3	100	95	20,12*,4		190	32,18*,8

注:优先选用第一系列的直径,带 * 者为对应直径优先选用的螺距。

附表 1－4　梯形螺纹基本尺寸(摘自 GB/T 5796.3—2005)　　　　单位:mm

螺距 P	外螺纹小径 d_3	内、外螺纹中径 D_2、d_2	内螺纹大径 D_4	内螺纹小径 D_1	螺距 P	外螺纹小径 d_3	内、外螺纹中径 D_2、d_2	内螺纹大径 D_4	内螺纹小径 D_1
1.5	$d-1.8$	$d-0.75$	$d+0.3$	$d-1.5$	8	$d-9$	$d-4$	$d+1$	$d-8$
2	$d-2.5$	$d-1$	$d+0.5$	$d-2$	9	$d-10$	$d-4.5$	$d+1$	$d-9$
3	$d-3.5$	$d-1.5$	$d+0.5$	$d-3$	10	$d-11$	$d-5$	$d+1$	$d-10$
4	$d-4.5$	$d-2$	$d+0.5$	$d-4$	12	$d-13$	$d-6$	$d+1$	$d-12$
5	$d-5.5$	$d-2.5$	$d+0.5$	$d-5$	14	$d-16$	$d-7$	$d+2$	$d-14$
6	$d-7$	$d-3$	$d+1$	$d-6$	16	$d-18$	$d-8$	$d+2$	$d-16$
7	$d-8$	$d-3.5$	$d+1$	$d-7$	18	$d-20$	$d-9$	$d+2$	$d-18$

注:1. d 为公称直径(即外螺纹大径)。

2. 表中所列的数值是按下式计算的:$d_3=d-2h_3$;D_2、$d_2=d-0.5P$;$D_4=d+2a_c$;$D_1=d-P$

附录 2　螺纹紧固件

附表 2 - 1　六角头螺栓　A 和 B 级(摘自 GB/T 5782—2000)
　　　　　　六角头螺栓　全螺纹　A 和 B 级(摘自 GB/T 5783—2000)　　　　　　　　单位:mm

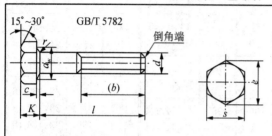

标记示例:

螺纹规格 d＝M12、公称长度 l＝80、性能等级为 8.8 级、表面氧化、A 级的六角头螺栓的标记为:
螺栓　GB/T 5782—2000　M12×80

标记示例:

螺纹规格 d＝M12、公称长度 l＝80、性能等级为 8.8 级、表面氧化、全螺纹 A 级的六角头螺栓的标记为:
螺栓　GB/T 5783—2000　M12×80

螺纹规格 d			M3	M4	M5	M6	M8	M10	M12	(M14)	M16	(M18)	M20	(M22)	M24	(M27)	M30	M36
b 参考	l≤125		12	14	16	18	22	26	30	34	38	42	46	50	54	60	66	78
	125<l≤200		—	—	—	28	32	36	40	44	48	52	56	60	66	72	84	
	l>200		—	—	—	—	—	—	—	53	57	61	65	69	73	79	85	97
a	max		1.5	2.1	2.4	3	3.75	4.5	5.25	6	6	7.5	7.5	7.5	9	9	10.5	12
c	max		0.4	0.4	0.5	0.5	0.6	0.6	0.6	0.6	0.8	0.8	0.8	0.8	0.8	0.8	0.8	0.8
	min		0.15	0.15	0.15	0.15	0.15	0.15	0.15	0.15	0.2	0.2	0.2	0.2	0.2	0.2	0.2	0.2
d_w	min	A	4.6	5.9	6.9	8.9	11.6	14.6	16.6	19.6	22.5	25.3	28.2	31.7	33.6	—	—	—
		B	—	—	6.7	8.7	11.4	14.4	16.4	19.2	22	24.8	27.7	31.4	33.2	38	42.7	51.1
e	min	A	6.07	7.66	8.79	11.05	14.38	17.77	20.03	23.35	26.75	30.14	33.53	37.72	39.98	—	—	—
		B	—	—	8.63	10.89	14.20	17.59	19.85	22.78	26.17	29.56	32.95	37.29	39.55	45.2	50.85	60.79
K	公称		2	2.8	3.5	4	5.3	6.4	7.5	8.8	10	11.5	12.5	14	15	17	18.7	22.5
r	min		0.1	0.2	0.2	0.25	0.4	0.4	0.6	0.6	0.6	0.6	0.8	1	0.8	1	1	1
s	公称		5.5	7	8	10	13	16	18	21	24	27	30	34	36	41	46	55
l 范围			20~30	25~40	25~50	30~60	35~80	40~100	45~120	60~140	55~160	60~180	65~200	70~220	80~240	90~260	90~300	110~360
l 范围 (全螺线)			6~30	8~40	10~50	12~60	16~80	20~100	25~100	30~140	35~100	35~180	40~100	45~200	40~100	55~200	40~100	
l 系列			6, 8, 10, 12, 16, 20~70(5 进位), 80~160(10 进位), 180~360(20 进位)															

技术条件	材料	力学性能等级	螺纹公差	公差产品等级		表面处理
	钢	8.8	6g	A 级用于 $d \leqslant 24$ 和 $l \leqslant 10d$ 或 $l \leqslant 150$ B 级用于 $d > 24$ 和 $l > 10d$ 或 $l > 150$		氧化或镀锌钝化

注:1. A、B 为产品等级,A 级最精确,C 级最不精确。C 级产品详见 GB/T 5780—2000、GB/T 5781—2000。

2. l 系列中,M14 中的 55、65,M18 和 M20 中的 65,全螺纹中的 55、65 等规格尽量不采用。

3. 括号内为第二系列螺纹直径规格,尽量不采用。

附表 2－2　双头螺栓(摘自 GB/T 897～900—1988)　　　　单位:mm

双头螺柱——$b_m = 1d$(摘自 GB/T 897—1988)

双头螺柱——$b_m = 1.25d$(摘自 GB/T 898—1988)

双头螺柱——$b_m = 1.5d$(摘自 GB/T 899—1988)

双头螺柱——$b_m = 2d$(摘自 GB/T 900—1988)

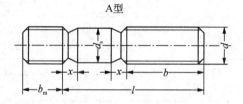

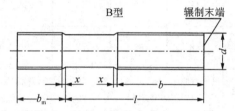

标记示例:

两端均为粗牙普通螺纹,$d = 10$ mm,$l = 50$ mm,性能等级为 4.8 级,B 型,$b_m = 1d$

记为:螺柱　GB/T 897—1988　M10×50

旋入端为粗牙普通螺纹,紧固端为 $P = 1$ mm 的细牙普通螺纹,$d = 10$ mm,$l = 50$ mm,性能等级为 4.8 级,A 型,$b_m = 1d$

记为:螺柱　GB/T 897—1988　AM10—M10×1×50

螺纹 规格 d	b_m(旋入端长度)				d_s	x	l/b(螺柱长度/紧固端长度)
	GB/T 897	GB/T 898	GB/T 899	GB/T 900			
M4			6	8	4	$1.5P$	16～22/8　25～40/14
M5	5	6	8	10	5	$1.5P$	16～22/10　25～50/16
M6	6	8	10	12	6	$1.5P$	20～22/10　25～30/14　32～75/18
M8	8	10	12	16	8	$1.5P$	20～22/12　25～30/16　32～90/22
M10	10	12	15	20	10	$1.5P$	25～28/14　30～38/16　40～120/ 26　130/32
M12	12	15	18	24	12	$1.5P$	25～30/16　32～40/20　45～120/ 30　130～180/36
M16	16	20	24	32	16	$1.5P$	30～38/20　40～55/30　60～120/ 38　130～200/44

螺纹规格 d	b_m（旋入端长度）				d_s	x	l/b（螺柱长度/紧固端长度）
	GB/T 897	GB/T 898	GB/T 899	GB/T 900			
M20	20	25	30	40	20	1.5P	35～40/25　45～65/35　70～120/46　130～200/52
M24	24	30	36	48	24	1.5P	45～50/30　55～75/45　80～120/54　130～200/60
M30	30	38	45	60	30	1.5P	60～65/40　70～90/50　95～120/66　130～200/72　210～250/85
M36	36	45	54	72	36	1.5P	65～75/45　80～110/60　120/78　130～200/84　210～300/97
M42	42	52	65	84	42	1.5P	70～80/50　85～110/70　120/90　130～200/96　210～300/109
M48	48	60	72	96	48	1.5P	80～90/60　95～110/80　120/102　130～200/108　210～300/121
l 系列	12, (14), 16, (18), 20, (22), 25, (28), 30, (32), 35, (38), 40, 45, 50, (55), 60, (65), 70, (75), 80, (85), 90, (95), 100, 110～260(10 进位), 280, 300						

注：1. 括号内的规格尽可能不用。
2. P 为螺距。
3. $b_m = 1d$，一般用于钢对钢；$b_m = 1.25d$，$b_m = 1.5d$，一般用于钢对铸铁；$b_m = 2d$，一般用于钢对铝合金。

附表 2-3-1　开槽圆柱头螺钉（摘自 GB/T 65—2000）　　　单位：mm

标记示例：

螺纹规格 $d = M5$、公称长度 $l = 20$、性能等级为 4.8 级、不经表面氧化的 A 级开槽圆柱头螺钉，记为：螺钉　GB/T 67—2000　$M5 \times 20$

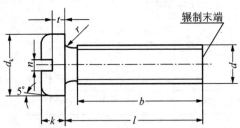

螺纹规格 d	M1.6	M2	M2.5	M3	M4	M5	M6	M8	M10
P（螺距）	0.35	0.4	0.45	0.5	0.7	0.8	1	1.25	1.5
b	25	25	25	25	38	38	38	38	38
d_k	3	3.8	4.5	5.5	7	8.5	10	13	16
k	1.1	1.4	1.8	2.0	2.6	3.3	3.9	5.0	6.0

螺纹规格 d	M1.6	M2	M2.5	M3	M4	M5	M6	M8	M10
n	0.4	0.5	0.6	0.8	1.2	1.2	1.6	2	2.5
r	0.1	0.1	0.1	0.1	0.2	0.2	0.25	0.4	0.4
t	0.35	0.5	0.6	0.7	1	1.2	1.4	1.9	2.4
公称长度 l	2～16	3～20	3～25	4～30	5～40	6～50	8～60	10～80	12～80
l 系列	2，3，4，5，6，8，10，12，(14)，16，20，25，30，35，40，45，50，(55)，60，(65)，70，(75)，80								

注:1. M1.6～M3 的螺钉,公称长度 $l \leqslant 30$ 的,制出全螺纹;M4～M10 的螺钉,公称长度 $l \leqslant 40$ 的,制出全螺纹。
2. 括号内的规格尽可能不用。

附表 2－3－2　开槽盘头螺钉(摘自 GB/T 67—2000)　　　　单位:mm

标记示例:

螺纹规格 $d =$ M5 、公称长度 $l = 20$ 、性能等级为 4.8 级,不经表面处理的 A 级开槽盘头螺钉,记为:

螺钉　GB/T 67—2000　M5×20

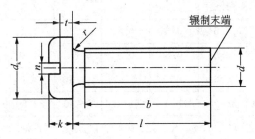

螺纹规格 g	M1.6	M2	M2.5	M3	M4	M5	M6	M8	M10
P(螺距)	0.35	0.4	0.45	0.5	0.7	0.8	1	1.25	1.5
b	25	25	25	25	38	38	38	38	38
d_k	3.2	4	5	5.6	8	9.5	12	16	20
k	1	1.3	1.5	1.8	2.4	3	3.6	4.8	6
n	0.4	0.5	0.6	0.8	1.2	1.2	1.6	2	2.5
r	0.1	0.1	0.1	0.1	0.2	0.2	0.25	0.4	0.4
t	0.35	0.5	0.6	0.7	1	1.2	1.4	1.9	2.4
公称长度 l	2～6	2.5～20	3～25	4～30	5～40	6～50	8～60	10～80	12～80
l 系列	2，2.5，3，4，5，6，8，10，12，(14)，16，20，25，30，35，40，45，50，(55)，60，(65)，70，(75)，80								

注:1. 括号内的规格尽可能不用。
2. M1.6～M3 的螺钉,公称长度 $l \leqslant 30$ 的,制出全螺纹;M4～M10 的螺钉,公称长度 $l \leqslant 40$ 的,制出全螺纹。

标记示例:

螺纹规格 d = M5、公称长度 l = 20、性能等级为 4.8 级、不经表面处理的 A 级开槽沉头螺钉,记为:

螺钉　GB/T 68—2000　M5×20

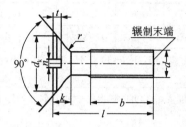

螺纹规格 d	M1.6	M2	M2.5	M3	M4	M5	M6	M8	M10
P(螺距)	0.35	0.4	0.45	0.5	0.7	0.8	1	1.25	1.5
b	25	25	25	25	38	38	38	38	38
d_k	3.6	4.4	5.5	6.3	9.4	10.4	12.6	17.3	20
k	1	1.2	1.5	1.65	2.7	2.7	3.3	4.65	5
n	0.4	0.5	0.6	0.8	1.2	1.2	1.6	2	2.5
r	0.4	0.5	0.6	0.8	1	1.3	1.5	2	2.5
t	0.5	0.6	0.75	0.85	1.3	1.4	1.6	2.3	2.6
公称长度 l	2.5~16	3~20	4~25	5~30	6~40	8~50	8~60	10~80	12~80
l 系列	2.5, 3, 4, 5, 6, 8, 10, 12, (14), 16, 20, 25, 30, 35, 40, 45, 50, (55), 60, (65), 70, (75), 80								

注:1. 括号内的规格尽可能不用。

2. M1.6~M3 的螺钉,公称长度 $l \leqslant 30$ 的,制出全螺纹;M4~M10 的螺钉,公称长度 $l \leqslant 45$ 的,制出全螺纹。

附表 2-4-2　开槽半沉头螺钉(摘自 GB/T 69—2000)　　　　　　单位:mm

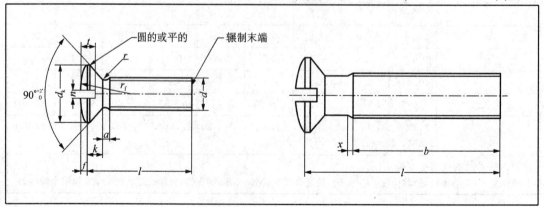

螺纹规格 d			M1.6	M2	M2.5	M3	(M3.5[17])	M4	M5	M6	M8	M10
P[22]			0.35	0.4	0.45	0.5	0.6	0.7	0.8	1	1.25	1.5
a max			0.7	0.8	0.9	1	1.2	1.4	1.6	2	2.5	3
b min			25	25	25	25	38	38	38	38	38	38
d_{k}[37]	理论值	max	3.6	4.4	5.5	5.3	8.2	8.4	10.4	12.6	17.3	20
	实际值	公称=max	3.0	3.8	4.7	5.5	7.30	8.40	9.30	11.30	15.80	18.30
		min	2.7	3.5	4.4	5.2	6.94	8.04	8.94	10.87	15.37	17.78
f ≈			0.4	0.5	0.6	0.7	0.8	1	1.2	1.4	2	2.3
k[47] 公称=max			1	1.2	1.5	1.65	2.35	2.7	2.7	3.3	4.65	5
n	公称		0.4	0.5	0.6	0.8	1	1.2	1.2	1.6	2	2.5
	max		0.60	0.70	0.80	1.00	1.20	1.51	1.51	1.91	2.81	2.81
	min		0.46	0.56	0.65	0.85	1.06	1.26	1.26	1.65	2.05	2.56
r max			0.4	0.5	0.6	0.8	1		1.3	1.5	2	2.5
r_{f} ≈			3	4	5	6	8.5	9.5	9.5	12	16.5	19.5
l	max		0.80	1.0	1.2	1.45	1.7	1.9	2.4	2.8	3.7	4.4
	min		0.64	0.8	1.0	1.20	1.4	1.6	2.0	2.4	3.2	3.8
x max			0.9	1	1.1	1.25	1.5	1.75	2	2.5	3.2	3.8

每1000件钢螺钉的质量($\sigma - 7.85\mathrm{kg/dm}$)

公称	min	max	M1.6	M2	M2.5	M3	M3.5	M4	M5	M6	M8	M10
2.5	2.3	2.7	0.082									
3	2.8	3.2	0.087	0.118								
4	1.78	1.24	0.078	0.138	0.242							
5	4.78	4.24	0.08	0.168	0.272	0.385						
6	6.78	8.24	0.102	0.176	0.302	0.458	0.729	1.07				
8	7.71	8.28	0.125	0.212	0.301	0.627	0.848	1.23	1.73	2.79		
10	0.71	10.29	0.145	0.248	0.422	0.015	0.909	1.39	1.97	3.14	6.83	
11	11.85	12.85	0.185	0.287	0.482	0.708	1.08	1.64	2.21	2.49	7.53	11.4
(14)	13.85	14.85	0.185	0.335	0.543	0.791	1.61	1.7	2.45	3.34	8.17	12.5
16	16.85	16.85	0.205	0.882	0.808	0.878	1.88	1.85	2.68	4.19	8.81	18.5
20	18.58	20.42		0.438	0.718	1.08	1.57	2.17	8.17	4.09	10.1	15.5
25	24.68	26.42			0.874	1.28	1.87	2.68	8.77	8.77	11.7	18

公称	min	max	每1000件钢螺钉的质量(σ-7.85kg/dm)								
30	28.68	30.42			1.5	2.17	2.85	4.37	8.84	18.8	20.6
35	34.6	36.6				2.47	2.84	4.97	7.62	14.9	28.1
40	39.6	40.6					6.78	5.57	8.39	18.5	25.6
45	44.6	46.6						8.18	8.27	18.1	28.1
50	48.6	50.6						8.76	10.1	19.7	20.7
(55)	54.05	55.95							11	21.6	28.2
60	58.05	60.85							11.9	22.9	35.7
(65)	84.05	86.85								24.5	38.2
70	88.08	70.85								25.1	40.8
(75)	74.08	76.88								27.7	48.8
80	72.05	80.85								28.8	45.8

注：阶梯实线间为商品长度规格。

1. 尽可能不采用括号内的规格。
2. P 为螺距。
3. 见 GB/T 6279。
4. 公称长度在阶梯虚线以上的螺钉：制出全螺纹。

附表 2-5　内六角圆柱头螺钉(摘自 GB/T 70.1—2008)　　　　单位：mm

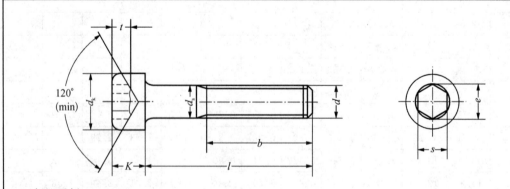

标记示例：

螺纹规格 $d = M5$、公称长度 $l = 20$、性能等级为 8.8 级、表面氧化的内六角圆柱螺钉的标记为：螺钉　GB/T 70.1—2008　M8×20

螺纹规格 d	M5	M6	M8	M10	M12	M16	M20	M24	M30	M36
b(参考≈)	22	24	28	32	36	44	52	60	72	84
d_k(max)	8.5	10	13	16	18	24	30	36	45	54
e(min)	4.583	5.723	6.863	9.149	11.429	15.996	19.437	21.734	25.154	30.854
K(max)	5	6	8	10	12	16	20	24	30	36
s(公称)	4	5	6	8	10	14	17	19	22	27
t(min)	2.5	3	4	5	6	8	10	12	15.5	19
l 范围(公称)	8~50	10~60	12~80	16~100	20~120	25~160	30~200	40~200	45~200	55~200
制成全螺纹时 $l\leqslant$	25	30	35	40	45	55	65	80	90	110
l 系列(公称)	8,10,12,(14),16,20~50(5 进位),(55),60,(65),70~160(10 进位),180,200										

技术条件	材料	力学性能等级	螺纹公差	产品等级	表面处理
	钢	8.8,12.9	12.9 级为 5g 或 6g, 其他等级为 6g	A	氧化或镀锌钝化

注:括号内规格尽可能不采用。

附表 2－6　开槽锥端紧定螺钉(摘自 GB/T 71—85)　　　单位:mm

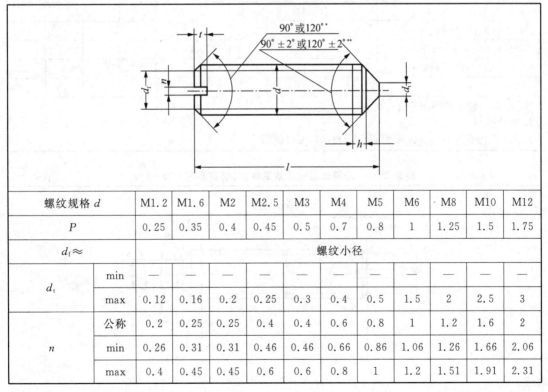

螺纹规格 d			M1.2	M1.6	M2	M2.5	M3	M4	M5	M6	M8	M10	M12
P			0.25	0.35	0.4	0.45	0.5	0.7	0.8	1	1.25	1.5	1.75
$d_f\approx$			螺纹小径										
d_t	min		—	—	—	—	—	—	—	—	—	—	—
	max		0.12	0.16	0.2	0.25	0.3	0.4	0.5	1.5	2	2.5	3
n	公称		0.2	0.25	0.25	0.4	0.4	0.6	0.8	1	1.2	1.6	2
	min		0.26	0.31	0.31	0.46	0.46	0.66	0.86	1.06	1.26	1.66	2.06
	max		0.4	0.45	0.45	0.6	0.6	0.8	1	1.2	1.51	1.91	2.31

t	min	0.4	0.56	0.64	0.72	0.8	1.12	1.28	1.6	2	2.4	2.8
	max	0.52	0.74	0.84	0.95	1.05	1.42	1.63	2	2.5	3	3.6
	l											
公称	min	max										
2	1.8	2.2										
2.5	2.3	2.7										
3	2.8	3.2										
4	3.7	4.3										
5	4.7	5.3		商品								
6	5.7	6.3										
8	7.7	8.3										
10	9.7	10.3				规格						
12	11.6	12.4										
(14)	13.6	14.4										
16	15.6	16.4					范围					
20	19.6	20.4										
25	24.6	25.4										
30	29.6	30.4										
35	34.5	35.5										
40	39.5	40.5										
45	44.5	45.5										
50	49.5	50.5										
(55)	54.4	55.6										
60	59.4	60.6										

注:1. 尽可能不采用括号内的规格。

2. P 为螺距。

3. <M5 的螺钉不要求锥端有平面部分(d_t),可以倒圆。

附表 2-7　开槽长圆柱端紧定螺钉(摘自 GB/T 75—85)　　　　单位:mm

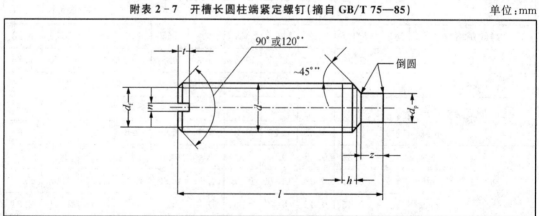

螺纹规格 d		M1.6	M2	M2.5	M3	M4	M5	M6	M8	M10	M12
P		0.35	0.4	0.45	0.5	0.7	0.8	1	1.25	1.5	1.75
$d_f \approx$		螺纹小径									
d_p	min	0.55	0.75	1.25	1.75	2.25	3.2	3.7	5.2	6.64	8.14
	max	0.8	1	1.5	2	2.5	3.5	4	5.5	7	8.5
n	公称	0.25	0.25	0.4	0.4	0.6	0.8	1	1.2	1.6	2
	min	0.31	0.31	0.46	0.46	0.66	0.86	1.06	1.26	1.66	2.02
	max	0.45	0.45	0.6	0.6	0.8	1	1.2	1.51	1.91	2.31
t	min	0.56	0.64	0.72	0.8	1.12	1.28	1.6	2	2.4	2.8
	max	0.74	0.84	0.95	1.05	1.42	1.63	2	2.5	3	3.6
z	min	0.8	1	1.25	1.5	2	2.5	3	4	5	6
	max	1.05	1.25	1.5	1.75	2.25	2.75	3.25	4.3	5.3	6.3

l												
公称	min	max										
2	1.8	2.2										
2.5	2.3	2.7										
3	2.8	3.2										
4	3.7	4.3										
5	4.7	5.3										
6	5.7	6.3			商品							
8	7.7	8.3										
10	9.7	10.3										
12	11.6	12.4				规格						
(14)	13.6	14.4										
16	15.6	16.4										
20	19.6	20.4					范围					
25	24.6	25.4										
30	29.6	30.4										
35	34.5	35.5										
40	39.5	40.5										
45	44.5	45.5										
50	49.5	50.5										
55	54.4	55.6										
60	59.4	60.6										

注:1. 尽可能不采用括号内的规格。

2. P 为螺距。

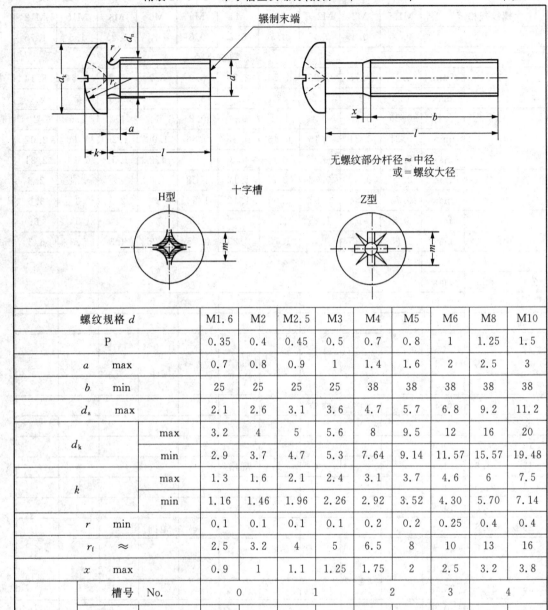

附表 2-8-1　十字槽盘头螺钉(摘自 GB/T 818—85)　　　　单位:mm

无螺纹部分杆径≈中径
或=螺纹大径

十字槽

H型　　　　　　　　Z型

螺纹规格 d			M1.6	M2	M2.5	M3	M4	M5	M6	M8	M10
P			0.35	0.4	0.45	0.5	0.7	0.8	1	1.25	1.5
a	max		0.7	0.8	0.9	1	1.4	1.6	2	2.5	3
b	min		25	25	25	25	38	38	38	38	38
d_a	max		2.1	2.6	3.1	3.6	4.7	5.7	6.8	9.2	11.2
d_k	max		3.2	4	5	5.6	8	9.5	12	16	20
	min		2.9	3.7	4.7	5.3	7.64	9.14	11.57	15.57	19.48
k	max		1.3	1.6	2.1	2.4	3.1	3.7	4.6	6	7.5
	min		1.16	1.46	1.96	2.26	2.92	3.52	4.30	5.70	7.14
r	min		0.1	0.1	0.1	0.1	0.2	0.2	0.25	0.4	0.4
r_f	≈		2.5	3.2	4	5	6.5	8	10	13	16
x	max		0.9	1	1.1	1.25	1.75	2	2.5	3.2	3.8
十字槽	槽号 No.		0		1		2		3		4
	H型 插入深度	m 参考	1.7	1.9	2.7	3	4.4	4.9	6.9	9	10.1
		min	0.7	0.9	1.15	1.4	1.9	2.4	3.1	4	5.2
		max	0.95	1.2	1.55	1.8	2.4	2.9	3.6	4.6	5.8
	Z型 插入深度	m 参考	1.7	1.9	2.6	2.9	4.4	4.6	6.8	8.8	10
		min	0.65	0.85	1.1	1.35	1.9	2.3	3.05	4.05	5.25
		max	0.9	1.2	1.5	1.75	2.35	2.75	3.5	4.5	5.7

公称	l min	l max										
3	2.8	3.2										
4	3.7	4.3										
5	4.7	5.3										
6	5.7	6.3										
8	7.7	8.3										
10	9.7	10.3										
12	11.6	12.4										
(14)	13.6	14.4			商品							
16	15.6	16.4										
20	19.6	20.4					规格					
25	24.6	25.4										
30	29.6	30.4										
35	34.5	35.5							范围			
40	39.5	40.5										
45	44.5	45.5										
50	49.5	50.5										
(55)	54.4	55.6										
60	59.4	60.6										

注:1. 尽可能不采用括号内的规格。

2. P 为螺距。

3. 公称长度在虚线以上的螺钉,制出全螺纹($b=l-a$)。

附表 2 – 8 – 2 十字槽沉头螺钉(摘自 GB/T 819—85) 单位:mm

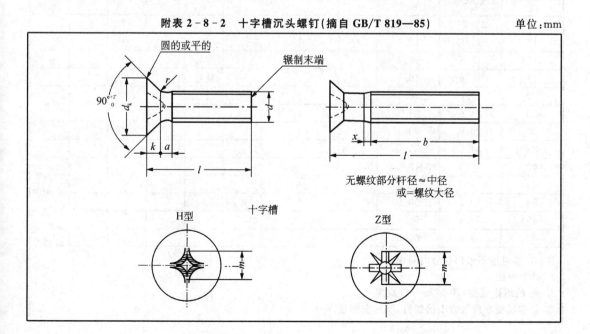

$90^{0+2'}_{~~0}$ 圆的或平的 r d_k b 辗制末端 d k a l

x b l

无螺纹部分杆径≈中径
或=螺纹大径

十字槽 m H型

Z型 m

螺纹规格　d			M1.6	M2	M2.5	M3	M4	M5	M6	M8	M10
P			0.35	0.4	0.45	0.5	0.7	0.8	1	1.25	1.5
a		max	0.7	0.8	0.9	1	1.4	1.6	2	2.5	3
b		min	25	25	25	25	38	38	38	38	38
d_k	理论值	max	3.6	4.4	5.5	6.3	9.4	10.4	12.6	17.3	20
	实际值	max	3	3.8	4.7	5.5	8.4	9.3	11.3	15.8	18.3
		min	2.7	3.5	4.4	5.2	8	8.9	10.9	15.4	17.8
k		max	1	1.2	1.5	1.65	2.7	2.7	3.3	4.65	5
r		max	0.4	0.5	0.6	0.8	1	1.3	1.5	2	2.5
$3x8$		max		0.9	1	1.1	1.25	1.75	2	2.5	3.2
十字槽	槽号　No.		0		1		2		3	4	
	H 型插入深度	m 参考	1.6	1.9	2.9	3.2	4.6	5.2	6.8	8.9	10
		min	0.6	0.9	1.4	1.7	2.1	2.7	3	4	5.1
		max	0.9	1.2	1.8	2.1	2.6	3.2	3.5	4.6	5.7
	Z 型插入深度	m 参考	1.8	2	3	3.2	4.6	5.1	6.8	9	10
		min	0.7	0.95	1.45	1.6	2.05	2.6	3	4.15	5.2
		max	0.95	1.2	1.75	2	2.5	3.05	3.45	4.6	5.65

l 公称	min	max
3	2.8	3.2
4	3.7	4.3
5	4.7	5.3
6	5.7	6.3
8	7.7	8.3
10	9.7	10.3
12	11.6	12.4
(14)	13.6	14.4
16	15.6	16.4
20	19.6	20.4
25	24.6	25.4
30	29.6	30.4
35	34.5	35.5
40	39.5	40.5
45	44.5	45.5
50	49.5	50.5
(55)	54.4	55.6
60	59.4	60.6

（右侧为：商品　规格　范围）

注:1. 尽可能不采用括号内的规格。

2. P 为螺距。

3. d_k 的理论值按 GB 5279—85 规定。

4. 公称长度在虚线以上的螺钉,制出全螺纹$[b=l-(k+a)]$。

六角螺母——C 级　　　　　1 型六角螺母——A 和 B 级　　　　　六角薄螺母——A 和 B 级
(GB/T 41—2000)　　　　　(GB/T 6170—2000)　　　　　(GB/T 6172.1—2000)

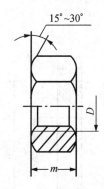
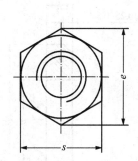

标记示例：
螺纹规格 D = M12、C 级六角螺母　　记为：螺母 GB/T 41—2000 M12
螺纹规格 D = M12、A 级 1 型六角螺母　记为：螺母 GB/T 6170.1—2000 M12
螺纹规格 D = M12、A 级六角薄螺母　　记为：螺母 GB/T 6172.1—2000 M12

螺纹规格　D		M3	M4	M5	M6	M8	M10	M12	M16	M20	M24	M30	M36	M42
e_{min}	GB/T 41			8.63	10.89	14.20	17.59	19.85	26.17	32.95	39.55	50.85	60.79	72.02
	GB/T 6170	6.01	7.66	8.79	11.05	14.38	17.77	20.03	26.75	32.95	39.55	50.85	60.79	72.02
	GB/T 6172	6.01	7.66	8.79	11.05	14.38	17.77	20.03	26.75	32.95	39.55	50.85	60.79	72.02
s_{max}	GB/T 41			8	10	13	16	18	24	30	36	46	55	65
	GB/T 6170	5.5	7	8	10	13	16	18	24	30	36	46	55	65
	GB/T 6172	5.5	7	8	10	13	16	18	24	30	36	46	55	65
m_{max}	GB/T 41			5.6	6.4	7.9	9.5	12.2	15.9	18.7	22.3	26.4	31.9	34.9
	GB/T 6170	2.4	3.2	4.7	5.2	6.8	8.4	10.8	14.8	18	21.5	25.6	31	34
	GB/T 6172	1.8	2.2	2.7	3.2	4	5	6	8	10	12	15	18	21

注：A 级用于 $D \leqslant 16$ mm；B 级用于 $D > 16$ mm。

小垫圈——A 级(GB/T 848—2002)
平垫圈——A 级(GB/T 97.1—2002)
平垫圈 倒角型——A 级(GB/T 97.2—2002)

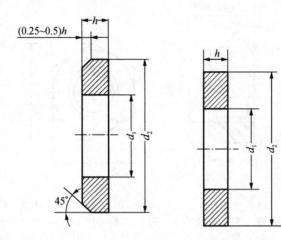

标记示例:

标准系列、公称规格为 8 mm、由钢制造的硬度等级为 200 HV 级、不经表面处理的平垫圈

记为:垫圈 GB/T 97.1—2002 8

公称规格	内径 d_1		外径 d_2		厚度 h		
(螺纹大径 d)	公称(min)	max	公称(max)	min	公称	max	min
1.6	1.7	1.84	4	3.7	0.3	0.35	0.25
2	2.2	2.34	5	4.7	0.3	0.35	0.25
2.5	2.7	2.84	6	5.7	0.5	0.55	0.45
3	3.2	3.38	7	6.64	0.5	0.55	0.45
4	4.3	4.48	9	8.64	0.8	0.9	0.7
5	5.3	5.48	10	9.64	1	1.1	0.9
6	6.4	6.62	12	11.57	1.6	1.8	1.4
8	8.4	8.62	16	15.57	1.6	1.8	1.4
10	10.5	10.77	20	19.48	2	2.2	1.8
12	13	13.27	24	23.48	2.5	2.7	2.3
16	17	17.27	30	29.48	3	3.3	2.7
20	21	21.33	37	36.38	3	3.3	2.7
24	25	25.33	44	43.38	4	4.3	3.7
30	31	31.39	56	55.26	4	4.3	3.7
36	37	37.62	66	64.8	5	5.6	4.4
42	45	45.62	78	76.8	8	9	7
48	52	52.74	92	90.6	8	9	7
56	62	62.74	105	103.6	10	11	9
64	70	70.74	115	113.6	10	11	9

标准型弹簧垫圈(摘自 GB/T 93—1987)

轻型弹簧垫圈(摘自 GB/T 859—1987)

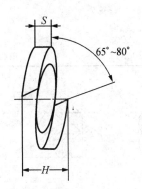 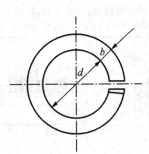 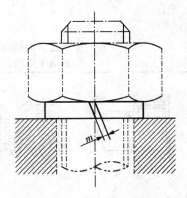

标记示例

规格 16 mm、材料为 65Mn、表面氧化的标准型弹簧垫圈

记为:垫圈　GB/T 93—1987　16

规格(螺纹大径)		3	4	5	6	8	10	12	(14)	16	(18)	20	(22)	24	(27)	30
d		3.1	4.1	5.1	6.1	8.1	10.2	12.2	14.2	16.2	18.2	20.2	22.5	24.5	27.5	30.5
H	GB/T 93	1.6	2.2	2.6	3.2	4.2	5.2	6.2	7.2	8.2	9	10	11	12	13.6	15
	GB/T 859	1.2	1.6	2.2	2.6	3.2	4	5	6	6.4	7.2	8	9	10	11	12
$S(b)$	GB/T 93	0.8	1.1	1.3	1.6	2.1	2.6	3.1	3.6	4.1	4.5	5	5.5	6	6.8	7.5
S	GB/T 859	0.6	0.8	1.1	1.3	1.6	2	2.5	3	3.2	3.6	4	4.5	5	5.5	6
$m \leqslant$	GB/T 93	0.4	0.55	0.65	0.8	1.05	1.3	1.55	1.8	2.05	2.25	2.5	2.75	3	3.4	3.75
	GB/T 859	0.3	0.4	0.55	0.65	0.8	1	1.25	1.5	1.6	1.8	2	2.25	2.5	2.75	3
b	GB/T 859	1	1.2	1.5	2	2.5	3	3.5	4	4.5	5	5.5	6	7	8	9

注:1. 括号内的规格尽可能不用。

2. m 应大于零。

附录3 键 与 销

附表 3-1 普通平键
平键连接的剖面和键槽尺寸(摘自 GB/T 1095—2003)
普通平键的形式和尺寸(摘自 GB/T 1096—2003)   单位:mm

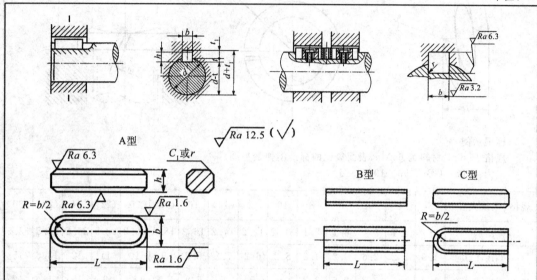

标记示例:

键 16×10×100 GB/T 1096—1979[圆头普通平键(A 型)、$b=16$ mm、$h=10$ mm、$L=100$ mm]

键 B16×10×100 GB/T 1096—1979[平圆头普通平键(B 型)、$b=16$ mm、$h=10$ mm、$L=100$ mm]

键 C16×10×100 GB/T 1096—1979[单圆头普通平键(C 型)、$b=16$ mm、$h=10$ mm、$L=100$ mm]

轴	键	键 槽										
		宽 度					深 度				半径 r	
		公称尺寸 b	极限偏差				轴 t		毂 t_1			
公称直径 d	公称尺寸 $b×h$		较松键连接		一般键连接		较紧键连接					
			轴 H9	毂 D10	轴 N9	毂 Js9	轴和毂 P9	公称尺寸	极限偏差	公称尺寸	极限偏差	最小	最大
自 6~8	2×2	2	+0.025 0	+0.060 +0.020	−0.004 −0.029	±0.012 5	−0.006 −0.031	1.2	+0.1 0	1	+0.1 0	0.08	0.16
>8~10	3×3	3						1.8		1.4			
>10~12	4×4	4	+0.030 0	+0.078 +0.030	0 −0.030	±0.015	−0.012 −0.042	2.5		1.8			
>12~17	5×5	5						3.0		2.3		0.16	0.25
>17~22	6×6	6						3.5		2.8			

轴	键	键槽											
		宽　度						深　度				半径 r	
公称直径 d	公称尺寸 b×h	公称尺寸 b	极限偏差					轴 t		毂 t₁			
			较松键连接		一般键连接		较紧键连接	公称尺寸	极限偏差	公称尺寸	极限偏差	最小	最大
			轴 H9	毂 D10	轴 N9	毂 Js9	轴和毂 P9						
>22~30	8×7	8	+0.036 0	+0.098 +0.040	0 −0.036	±0.018	−0.015 −0.051	4.0	+0.20	3.3	+0.20	0.16	0.25
>30~38	10×8	10						5.0		3.3			
>38~44	12×8	12	+0.043 0	+0.120 +0.050	0 −0.043	±0.0215	−0.018 −0.061	5.0		3.3		0.25	0.40
>44~50	14×9	14						5.5		3.8			
>50~58	16×10	16						6.0		4.3			
>58~65	18×11	18						7.0		4.4			
>65~75	20×12	20	+0.052 0	+0.149 +0.065	0 −0.052	±0.026	−0.022 −0.074	7.5		4.9		0.40	0.60
>75~85	22×14	22						9.0		5.4			
>85~95	25×14	25						9.0		5.4			
>95~110	28×16	28						10.0		6.4			

键的长度系列	6，8，10，12，14，16，18，20，22，25，28，32，36，40，45，50，56，63，70，80，90，100，110，125，140，160，180，200，220，250，280，320，360

注：1. 在工作图中，轴槽深用 t 或 (d−t) 标注，轮毂槽深用 (d+t₁) 标注。

2. (d−t) 和 (d+t₁) 两组组合尺寸的极限偏差按相应的 t 和 t₁ 极限偏差选取，但 (d−t) 极限偏差值应取负号 (−)。

3. 键尺寸的极限偏差 b 为 h9，h 为 h11，L 为 h14。

4. 平键常用材料为 45 钢。

附表 3−2　圆柱销 (摘自 GB/T 119—2000)　　　　　单位：mm

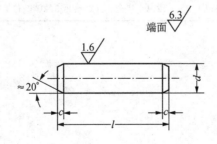

标记示例：

销 GB/T 119.1　10×90　(公称直径 d＝10 mm、长度 l＝90 mm、材料为钢、不经淬火、不经表面处理的圆柱销)

销 GB/T 119.1　10×90−A1　(公称直径 d＝10 mm、长度 l＝90 mm、材料为 A1 组奥氏体不锈钢、表面简单处理的圆柱销)

$d_{公称}$	2	3	4	5	6	8	10	12	16	20	25
$a\approx$	0.25	0.4	0.5	0.63	0.8	1.0	1.2	1.6	2.0	2.5	3.0
$c\approx$	0.35	0.5	0.63	0.8	1.2	1.6	2.0	2.5	3.0	3.5	4.0
$l_{范围}$	6～20	8～30	8～40	10～50	12～60	14～80	18～95	22～140	26～180	35～200	50～200
$l_{系列}$	2、3、4、5、6～32(2 进位)、35～100(5 进位)、120～200(20 进位)										

附表 3-3　圆锥销(摘自 GB/T 117—2000)　　　　　　　　单位:mm

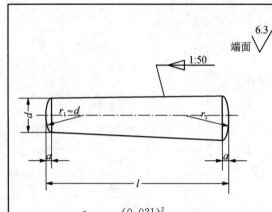

$$r_1\approx d \quad r_2\approx \frac{a}{2}+d+\frac{(0.021)^2}{50}$$

A 型(磨削):锥面表面粗糙度 $R_a = 0.8\ \mu m$
B 型(切削或冷镦):锥面表面粗糙度 $R_a = 3.2\ \mu m$

标记示例:

销　GB/T 117　10×60　(公称直径 $d = 10$ mm、公称长度 $l = 60$ mm、材料为 35 钢、热处理硬度 28～38HRC、表面氧化处理的 A 型圆锥销)

$d_{公称}$	2	2.5	3	4	5	6	8	10	12	16	20	25
$a\approx$	0.25	0.3	0.4	0.5	0.63	0.8	1.0	1.2	1.6	2.0	2.5	3.0
$l_{范围}$	10～35	10～35	12～45	14～55	18～60	22～90	22～120	26～160	32～180	40～200	45～200	50～200
$l_{系列}$	2、3、4、5、6～32(2 进位)、35～100(5 进位)、120～200(20 进位)											

附录4 滚动轴承

附表 4-1 深沟球轴承(摘自 GB/T 276—1994) 单位:mm

标记示例:滚动轴承 6210 GB/T 276—1994

轴承代号	尺寸			
	d	D	B	r_{smin}
6217	85	150	28	2
6218	90	160	30	2
6219	95	170	32	2.1
6220	100	180	34	2.1
03 系列				
6300	10	35	11	0.6
6301	12	37	12	1
6302	15	42	13	1
6303	17	47	14	1
6304	20	52	15	1.1
6305	25	62	17	1.1
6306	30	72	19	1.1
6307	35	80	21	1.5
6308	40	90	23	1.5
6309	45	100	25	1.5
6310	50	110	27	2
6311	55	120	29	2
6312	60	130	31	2.1
6313	65	140	33	2.1
6314	70	150	35	2.1
6315	75	160	37	2.1
6316	80	170	39	2.1
6317	85	180	41	3
6318	90	190	43	3
6319	95	200	45	3

轴承代号	尺寸			
	d	D	B	r_{smin}
02 系列				
6200	10	30	9	0.6
6201	12	32	10	0.6
6202	15	35	11	0.6
6203	17	40	12	0.6
6204	20	47	14	1
6205	25	52	15	1
6206	30	62	16	1
6207	35	72	17	1.1
6208	40	80	18	1.1
6209	45	85	19	1.1
6210	50	90	20	1.1
6211	55	100	21	1.5
6212	60	110	22	1.5
6213	65	120	23	1.5
6214	70	125	24	1.5
6215	75	130	25	1.5
6216	80	140	26	2

轴承代号	尺寸				轴承代号	尺寸			
	d	D	B	r_{smin}		d	D	B	r_{smin}
6320	100	215	47	3	6411	55	140	33	2.1
04 系列					6412	60	150	35	2.1
6403	17	62	17	1.1	6413	65	160	37	2.1
6404	20	72	19	1.1	6414	70	170	39	3
6405	25	80	21	1.5	6415	75	180	42	3
6406	30	90	23	1.5	6416	80	190	45	3
6407	35	100	25	1.5	6417	85	200	48	4
6408	40	110	27	2	6418	90	210	52	4
6409	45	120	29	2	6419	95	225	54	4
6410	50	130	31	2.1	6420	100	250	58	4

注:d 为轴承公称内径;D 为轴承公称外径;B 为轴承公称宽度;r 为内外圈公称倒角尺寸的单向最小尺寸;r_{Smin} 为 r 的单向最小尺寸。

附录 5 轴和孔的极限偏差

附录 5.1 表面结构

附表 5.1-1 不同表面结构的外观情况、加工方法和应用举例

Ra 值(不大于)/μm	表面外观情况	主要加工方法	应用举例
50	明显可见刀痕	粗车、粗铣、粗刨、钻、粗纹锉刀和粗砂轮加工	粗糙度值最大的加工面,一般很少应用
25	可见刀痕		
12.5	微见刀痕	粗车、刨、立铣、平铣、钻	不接触表面、不重要的接触面,如螺钉孔、倒角、机座底面等
6.3	可见加工痕迹	精车、精铣、精刨、铰、镗、精磨等	没有相对运动的零件接触面,如箱、盖、套筒要求紧贴的表面、键和键槽工作表面;相对运动速度不高的接触面,如支架孔、衬套、带轮轴孔的工作面等
3.2	微见加工痕迹		
1.6	看不见加工痕迹		

Ra 值(不大于)/μm	表面外观情况	主要加工方法	应用举例
0.8	可辨加工痕迹方向	精车、精铰、精拉、精镗、精磨等	要求很好密合的接触面,如滚动轴承配合的表面、锥销孔等;相对运动速度较高的接触面,如滑动轴承的配合表面、齿轮的工作表面等
0.4	微辨加工痕迹方向		
0.2	不可辨加工痕迹方向		
0.1	暗光泽面	研磨、抛光、超级精细研磨等	精密量具的表面,极重要零件的摩擦面,如气缸的内表面、精密机床的主轴颈、坐标镗床的主轴颈等
0.05	亮光泽面		
0.025	镜状光泽面		
0.012	雾状镜面		
0.006	镜面		

附表 5.1-2　典型零件的表面结构数值选择

表面特征	部位	表面粗糙度值 R_a 不大于/μm			
滑动轴承的配合表面	表面	公差等级		液体摩擦	
		IT7~IT9	IT11~IT12		
	轴	0.2~3.2	1.6~3.2	0.1~0.4	
	孔	0.4~1.6	1.6~3.2		
带密封的轴颈表面	密封方式	轴颈表面速度/(m/s)			
		≤3	≤5	≥5	≤4
	橡胶	0.4~0.8	0.2~0.4	0.1~0.2	
	毛毡	0.8~1.6			0.4~0.8
	迷宫	1.6~3.2			
	油槽				
圆锥结合	表面	密封结合	定心结合	其他	
	外圆锥表面	0.1	0.4	1.6~3.2	
	内圆锥表面	0.2	0.8		
螺纹	类别	螺纹精度等级			
		4	5	6	
	粗牙普通螺纹	0.4~0.8	0.8	1.6~3.2	
	细牙普通螺纹	0.2~0.4			

表面特征	部位		表面粗糙度值 R_a 不大于 /μm		
键结合	结合型式		键	轴槽	毂槽
	工作表面	沿毂槽移动	0.2～0.4	1.6	0.4～0.8
		沿轴槽移动		0.4～0.8	1.6
		不动		1.6	1.6～3.2
	非工作表面		6.3		

表面特征	部位	齿轮精度等级			
		6	7	8	9
齿轮	齿面	0.4	0.4～0.8	1.6	3.2
	外圆	1.6～3.2	1.6～3.2	1.6～3.2	3.2～6.3
	端面	0.4～0.8	0.8～3.2	0.8～3.2	

附录 5.2　尺　寸　公　差

附表 5.2-1　公差等级的应用范围

加工方法	公差等级 IT																		
	01	0	1	2	3	4	5	6	7	8	9	10	11	12	13	14	15	16	17	18
量块																		
量规																		
配合尺寸																		
特别精密零件的配合																		
非配合尺寸（大制造公差）																		
原材料公差																		

附表 5.2-2　各种加工方法所能达到的公差等级

加工方法	公差等级 IT																
	01	0	1	2	3	4	5	6	7	8	9	10	11	12	13	14	15	16
研磨																		
珩磨																		

加工方法	公差等级 IT																	
	01	0	1	2	3	4	5	6	7	8	9	10	11	12	13	14	15	16
圆磨							■	■	■	■								
平磨							■	■	■	■								
金刚石车							■	■	■									
金刚石镗							■	■	■									
拉削							■	■	■	■								
铰孔								■	■	■	■	■						
车									■	■	■	■	■					
镗									■	■	■	■	■					
铣										■	■	■	■					
刨插												■	■					
钻孔												■	■	■	■			
滚压、挤压												■	■					
冲压												■	■	■	■	■		
压铸													■	■	■	■		
粉末冶金成型								■	■	■								
粉末冶金烧结									■	■	■							
砂型铸造气割																		■
锻造																	■	

附表 5.2 - 3 公差等级的应用条件及举例(节选)

公差等级	应用条件说明	应用举例
IT5	用于机床、发动机和仪表中特别重要的配合,在配合公差要求很小、形状公差要求很高的条件下,能使配合性质比较稳定(相当于旧国标中最高精度即 1 级精度轴),它对加工要求较高,一般机械制造中较少应用	与 6 级滚动轴承孔相配的机床主轴,机床尾架套筒,高精度分度盘轴颈,分度头主轴,精密丝杆基准轴颈,精度镗套的外径等,发动机主轴的外径,活塞销外径与塞的配合,精密仪器的轴与各种传动件轴承的配合,航空、航海工业中仪表中重要的精密孔的配合,精密机械及高速机械的轴径,5 级精度齿轮的基准孔及 5 级、6 级精度齿轮的基准轴

公差等级	应用条件说明	应用举例
IT6	广泛用于机械制造中的重要配合,配合表面有较高均匀性的要求,能保证相当高的配合性质,使用可靠(相当于旧国标中2级精度轴和1级精度孔的公差)	在机床制造中,装配式齿轮、蜗轮、联轴器、带轮、凸轮的孔径,机床丝杆支承轴颈,矩形花键的定心直径,摇臂钻床的主柱等,精密仪器、光学仪器、计量仪器的精密轴,无线电工业、自动化仪表、电子仪、邮电机械及手表中特别重要的轴,医疗器械中的X线机齿轮箱的精密轴,缝纫机中重要轴类,发动机的汽缸外套外径,曲轴主轴颈,活塞销,连杆衬套,连杆和轴瓦外径外等,6级精度齿轮的基准孔和7级、8级精度齿轮的基准轴径,以及1、2级精度齿轮顶圆直径
IT7	应用条件与IT6相类似,但精度要求可比IT6稍低一点,在一般机械制造业中应用相当普遍	机械制造中装配式表铜蜗轮轮缘孔径、联轴器、皮带轮、凸轮等的孔径,机床卡盘座孔、摇臂钻床的摇臂孔、车床丝杆轴承孔、发动机的连杆孔、活塞孔、铰制螺栓定位孔等,纺织机械、印染机械中要求的较高的零件,手表的高合杆压簧等,自动化仪表、缝纫机、邮电机械中重要零件的内孔,7级、8级精度齿度的基准孔和9级、10级精度齿轮的基准轴
IT8	在机械制造中属中等精度,在仪度、仪表及钟表制造中,由于基本尺寸较小,属较高精度范围。是应用较多的一个等级,尤其是在农业机械、纺织机械、印染机械、自行车、缝纫机械、医疗器械中应用最广	轴承座衬套沿宽度的向的尺寸配合,手表中跨齿轮,棘爪拨针轮等与夹板的配合,无线电仪表工业中的一般配合,电子仪器仪表中较重要的内孔,计算机中变数齿轮孔和轴的配合,医疗器械中牙科车头的钻头套的孔与车针柄部的配合,电机制造业中铁芯与机座的配合,发动机活塞油环槽宽,连杆轴瓦内径,低精度(9至12级精度)齿轮的基准孔和11~12级精度齿轮和基准轴,6至8级精度齿轮的顶圆
IT9	应用条件与IT8相类似,但精度要求低于IT8	机床制造中轴套外径与孔,操作件与轴、空转皮带轮与轴,操纵系统的轴与轴承等的配合,纺织机械、印染机械中的一般配合零件,发动机中机油泵体内孔,飞轮与飞轮套、汽缸盖孔径、活塞槽环的配合等,光学仪器、自动化仪表中的一般配合,手表中要求较高零件的未注公差尺寸的配合,单键连接中键宽配合尺寸,打字机中的运动件配合等。
IT10	应用条件与IT9相类似,但精度要求低于IT9	电子仪器仪表中支架上的配合,打字机中铆合件的配合尺寸,闹钳机构中的中心管与前夹板,轴套与轴,手表中的未注公差尺寸,发动机中油封挡圈孔与曲轴皮带轮毂
IT11	配合精度要求较粗糙,装配后可能有较大的间隙,特别选用于要求间隙较大且有显著变动而不会引起危险的场合。	机床上法兰盘止口与孔,滑块与滑移齿轮,凹槽等,农业机械、机车车厢部件及冲压加工的配合零件,钟表制造中不重要的零件,手表制造用的工具及设备中的未注公差尺寸,纺织机械中较的活动配合,印染机械中要求较低的配合,医疗器械中手术刀片的配合,不作测量基准用的齿轮顶圆直径公差

公差等级	应用条件说明	应用举例
IT12	配合精度要求很,装配后有很大的间隙	非配合尺寸及工序间尺寸,发动机分离杆、手表制造中工艺装备的未注公差尺寸,计算机行业切削加工中未注公差尺寸的极限偏差,医疗器械中手术刀柄的配合,机床制造中扳手孔与扳手座的连接
IT13	应用条件与IT12相类似	非配合尺寸及工序间尺寸,计算机、打字机中切削加工零件及圆片孔、二孔中心距的未注公差尺寸
IT14	用于非配合尺寸及不包括在尺寸链中的尺寸	机床、汽车、拖拉机、冶金矿山、石油化工、电机、电器、仪器、仪表、造船、航空、医疗器械、钟表、自行车、造纸、纺织机械等工业中未注公差尺寸的切削加工零件
IT15	用于非配合尺寸及不包括在尺寸链中的尺寸	冲压件、木模铸造零件、重型机床中尺寸大于3 150 mm的未注公差尺寸
IT16	用于非配合尺寸及不包括在尺寸链中的尺寸	打字机中浇铸件尺寸,无线电制造中箱体外形尺寸,压弯延伸加工用尺寸,纺织机械中木制零件及塑料零件尺寸公差,木模制造和自由锻造时用
IT17	用非配合尺寸及不包括在尺寸链中的尺寸	塑料成型尺寸公差,医疗器械中的一般外形尺寸公差
IT18	用非配合尺寸及不包括在尺寸链中的尺寸	冷作、焊接尺寸用公差

附表 5.2－4　标准公差数值(摘自 GB/T 1800.3)

基本尺寸/mm		标准公差等级																	
		IT1	IT2	IT3	IT4	IT5	IT6	IT7	IT8	IT9	IT10	IT11	IT12	IT13	IT14	IT15	IT16	IT17	IT18
大于	至	/μm											/mm						
—	3	0.8	1.2	2	3	4	6	10	14	25	40	60	0.1	0.14	0.25	0.4	0.6	1	1.4
3	6	1	1.5	2.5	4	5	8	12	18	30	48	75	0.12	0.18	0.3	0.45	0.75	1.2	1.8
6	10	1	1.5	2.5	4	6	9	15	22	36	58	90	0.15	0.22	0.36	0.58	0.9	1.5	2.2
10	18	1.2	2	3	5	8	11	18	27	43	70	110	0.18	0.27	0.43	0.7	1.1	1.8	2.7
18	30	1.5	2.5	4	6	9	13	21	33	52	84	130	0.21	0.33	0.52	0.84	1.3	2.1	3.3
30	50	1.5	2.5	4	7	11	16	25	39	62	100	160	0.25	0.39	0.62	1	1.6	2.5	3.9
50	80	2	3	5	8	13	19	30	46	74	120	190	0.3	0.46	0.74	1.2	1.9	3	4.6
80	120	2.5	4	6	10	15	22	35	54	87	140	220	0.35	0.54	0.87	1.4	2.2	3.5	5.4
120	180	3.5	5	8	12	18	25	40	63	100	160	250	0.4	0.63	1	1.6	2.5	4	6.3

基本尺寸 /mm		标准公差等级																		
		IT1	IT2	IT3	IT4	IT5	IT6	IT7	IT8	IT9	IT10	IT11	IT12	IT13	IT14	IT15	IT16	IT17	IT18
大于	至	/μm											/mm						
180	250	4.5	7	10	14	20	29	46	72	115	185	290	0.46	0.72	1.15	1.85	2.6	4.6	7.2
250	315	6	8	12	16	23	32	52	81	130	210	320	0.52	0.81	1.3	2.1	3.2	5.2	8.1
315	400	7	9	13	18	25	36	57	89	140	230	360	0.57	0.89	1.4	2.3	3.6	5.7	8.9
400	500	8	10	15	20	27	40	63	97	155	250	400	0.63	0.97	1.55	2.5	4	6.3	9.7

注:基本尺寸小于或等于 1 时,无 IT14 至 IT18。

附表 5.2 – 5　轴的极限偏差值(摘自 GB/T 1800.4—1999)

轴的极限偏差(公差带 a~d)　　　　　　　　　　　　　　　　　单位:μm

基本尺寸/mm		公差带										
		a		b		c			d			
大于	至	10	11*	11*	12*	9*	10*	▲11	8*	▲9	10*	11*
—	3	−270 −310	−270 −330	−140 −200	−140 −240	−60 −85	−60 −100	−60 −120	−20 −34	−20 −45	−20 −60	−20 −80
3	6	−270 −318	−270 −345	−140 −215	−140 −260	−70 −100	−70 −118	−70 −145	−30 −48	−30 −60	−30 −78	−30 −105
6	10	−280 −338	−280 −370	−150 −240	−150 −300	−80 −116	−80 −138	−80 −170	−40 −62	−40 −76	−40 −98	−40 −130
10	14	−290 −360	−290 −400	−150 −260	−150 −330	−95 −138	−95 −165	−95 −205	−50 −77	−50 −93	−50 −120	−50 −160
14	18											
18	24	−300 −384	−300 −430	−160 −290	−160 −370	−110 −162	−110 −194	−110 −240	−65 −98	−65 −117	−65 −149	−65 −195
24	30											
30	40	−310 −410	−310 −470	−170 −330	−170 −420	−120 −182	−120 −220	−120 −280	−80 −119	−80 −142	−80 −180	−80 −240
40	50	−320 −420	−320 −480	−180 −340	−180 −430	−130 −192	−130 −230	−130 −290				
50	65	−340 −460	−340 −530	−190 −380	−190 −490	−140 −214	−140 −260	−140 −330	−100 −146	−100 −174	−100 −220	−100 −290
65	80	−360 −480	−360 −550	−200 −390	−200 −500	−150 −224	−150 −270	−150 −340				

基本尺寸/mm		公差带										
		a		b		c			d			
大于	至	10	11*	11*	12*	9*	10*	▲11	8*	▲9	10*	11*
80	100	−380 −520	−380 −600	−220 −440	−220 −570	−170 −257	−170 −310	−170 −390	−120 −174	−120 −207	−120 −260	−120 −340
100	120	−110 −550	−410 −630	−240 −460	−240 −590	−180 −267	−180 −320	−180 −400				
120	140	−460 −620	−460 −710	−260 −510	−260 −660	−200 −300	−200 −360	−200 −450	−145 −208	−145 −245	−145 −305	−145 −395
140	160	−520 −680	−520 −770	−280 −530	−280 −680	−210 −310	−210 −370	−210 −460				
160	180	−580 −740	−580 −830	−310 −560	−310 −710	−230 −330	−230 −390	−230 −480				
180	200	−660 −845	−660 −950	−340 −630	−340 −800	−240 −355	−240 −425	−240 −530	−170 −242	−170 −285	−170 −355	−170 −460
200	225	−740 −925	−740 −1 030	−380 −670	−380 −840	−260 −375	−260 −445	−260 −550				
225	250	−820 −1 005	−820 −1 110	−420 −710	−420 −880	−280 −395	−280 −465	−280 −270				
250	280	−920 −1 130	−920 −1 240	−480 −800	−480 −1 000	−300 −430	−300 −510	−300 −620	−190 −271	−190 −320	−190 −400	−190 −510
280	315	−1 050 −1 260	−1 050 −1 370	−540 −860	−540 −1 060	−330 −460	−330 −540	−330 −650				
315	355	−1 200 −1 430	−1 200 −1 560	−600 −960	−600 −1 170	−360 −500	−360 −590	−360 −720	−210 −299	−210 −350	−210 −440	−210 −570
355	400	−1 350 −1 580	−1 350 −1 710	−680 −1 040	−680 −1 250	−400 −540	−400 −630	−400 −760				
400	450	−1 500 −1 750	−1 500 −1 900	−760 −1 160	−760 −1 390	−440 −595	−440 −690	−440 −840	−230 −327	−230 −385	−230 −480	−230 −630
450	500	−1 650 −1 900	−1 650 −2 050	−840 −1 240	−840 −1 470	−480 −635	−480 −730	−480 −880				

注:1. 基本尺寸小于 1 mm 时,各级的 a 和 b 均不采用。

2. ▲为优先公差带,＊为常用公差带,其余为一般用途公差带。

轴的极限偏差（公差带 e～h）

基本尺寸/mm 大于	至	e 6	e 7*	e 8*	e 9*	f 5*	f 6*	f ▲7	f 8*	f 9*	g 5*	g ▲6	g 7*	h 4	h 5*	h ▲6
—	3	−14 −20	−14 −24	−14 −28	−14 −39	−6 −10	−6 −12	−6 −16	−6 −20	−6 −31	−2 −6	−2 −8	−2 −12	0 −3	0 −4	0 −6
3	6	−20 −28	−20 −32	−20 −38	−20 −50	−10 −15	−10 −18	−10 −22	−10 −28	−10 −40	−4 −9	−4 −12	−4 −16	0 −4	0 −5	0 −8
6	10	−25 −34	−25 −40	−25 −47	−25 −61	−13 −19	−13 −22	−13 −28	−13 −35	−13 −49	−5 −11	−5 −14	−5 −20	0 −4	0 −6	0 −9
10	14	−32 −43	−32 −50	−32 −59	−32 −75	−16 −24	−16 −27	−16 −34	−16 −43	−16 −59	−6 −14	−6 −17	−6 −24	0 −5	0 −8	0 −11
14	18															
18	24	−40 −53	−40 −61	−40 −73	−40 −92	−20 −29	−20 −33	−20 −41	−20 −53	−20 −72	−7 −16	−7 −20	−7 −28	0 −6	0 −9	0 −13
24	30															
30	40	−50 −66	−50 −75	−50 −89	−50 −112	−25 −36	−25 −41	−25 −50	−25 −64	−25 −87	−9 −20	−9 −25	−9 −34	0 −7	0 −11	0 −16
40	50															
50	65	−60 −79	−60 −90	−60 −106	−60 −134	−30 −43	−30 −49	−30 −60	−30 −76	−30 −104	−10 −23	−10 −29	−10 −40	0 −8	0 −13	0 −19
65	80															
80	100	−72 −94	−72 −107	−72 −126	−72 −159	−36 −51	−36 −58	−36 −71	−36 −90	−36 −123	−12 −27	−12 −34	−12 −47	0 −10	0 −15	0 −22
100	120															
120	140	−85 −110	−85 −125	−85 −148	−85 −185	−43 −61	−43 −68	−43 −83	−43 −106	−43 −143	−14 −32	−14 −39	−14 −54	0 −12	0 −18	0 −25
140	160															
160	180															
180	200	−100 −129	−100 −146	−100 −170	−100 −215	−50 −70	−50 −79	−50 −96	−50 −122	−50 −165	−15 −35	−15 −44	−15 −61	0 −14	0 −20	0 −29
200	225															
225	250															
250	280	−110 −142	−110 −162	−110 −191	−110 −240	−56 −79	−56 −88	−56 −108	−56 −137	−56 −186	−17 −40	−17 −49	−17 −69	0 −16	0 −23	0 −32
280	315															
315	355	−125 −161	−125 −182	−125 −214	−125 −265	−62 −87	−62 −98	−62 −119	−62 −151	−62 −202	−18 −43	−18 −54	−18 −75	0 −18	0 −25	0 −36
355	400															
400	450	−135 −175	−135 −198	−135 −232	−135 −290	−68 −95	−68 −108	−68 −131	−68 −165	−68 −223	−20 −47	−20 −60	−20 −83	0 −20	0 −27	0 −40
450	500															

注：▲为优先公差带，* 为常用公差带，其余为一般用途公差带。

基本尺寸/mm		公差带													
		h							j			js			
大于	至	▲7	8*	▲9	10*	▲11	12*	13	5	6	7	5*	6*	7*	8
—	3	0 −10	0 −14	0 −25	0 −40	0 −60	0 −100	0 −140	—	4 −2	6 −4	±2	±3	±5	±7
3	6	0 −12	0 −18	0 −30	0 −48	0 −75	0 −120	0 −180	3 −2	6 −2	8 −4	±2.5	±4	±6	±9
6	10	0 −15	0 −22	0 −36	0 −58	0 −90	0 −150	0 −220	4 −2	7 −2	10 −5	±3	±4.5	±7	±11
10	14	0 −18	0 −27	0 −43	0 −70	0 −110	0 −180	0 −270	5 −3	8 −3	12 −6	±4	±5.5	±9	±13
14	18														
18	24	0 −21	0 −33	0 −52	0 −84	0 −130	0 −210	0 −330	5 −4	9 −4	13 −8	±4.5	±6.5	±10	±16
24	30														
30	40	0 −25	0 −39	0 −62	0 −100	0 −160	0 −250	0 −390	6 −5	11 −5	15 −10	±5.5	±8	±12	±19
40	50														
50	65	0 −30	0 −46	0 −74	0 −120	0 −190	0 −300	0 −460	6 −7	12 −7	18 −12	±6.5	±9.5	±15	±23
65	80														
80	100	0 −35	0 −54	0 −87	0 −140	0 −220	0 −350	0 −540	6 −9	13 −9	20 −15	±7.5	±11	±17	±27
100	120														
120	140	0 −40	0 −63	0 −100	0 −160	0 −250	0 −400	0 −630	7 −11	14 −11	22 −18	±9	±12.5	±20	±31
140	160														
160	180														
180	200	0 −46	0 −72	0 −115	0 −185	0 −290	0 −460	0 −720	7 −13	16 −13	25 −21	±10	±14.5	±23	±36
200	225														
225	250														
250	280	0 −52	0 −81	0 −130	0 −210	0 −320	0 −520	0 −810	7 −16	—	—	±11.5	±16	±26	±40
280	315														
315	355	0 −57	0 −89	0 −140	0 −230	0 −360	0 −570	0 −890	7 −18	—	29 −28	±12.5	±18	±28	±44
355	400														
400	450	0 −63	0 −97	0 −155	0 −250	0 −400	0 −630	0 −970	7 −20	—	31 −32	±13.5	±20	±31	±48

注：▲为优先公差带，＊为常用公差带，其余为一般用途公差带。

基本尺寸/mm		公差带														
		k			m			n			p			r		
大于	至	5*	▲6	7*	5*	6*	7*	5*	▲6	7*	5*	▲6	7*	5*	6*	7*
—	3	4 0	6 0	10 0	6 2	8 2	12 2	8 4	10 4	14 4	10 6	12 6	16 6	14 10	16 10	20 10
3	6	6 1	9 1	13 1	9 4	12 4	16 4	13 8	16 8	20 8	17 12	20 12	24 12	20 15	23 15	27 15
6	10	7 1	10 1	16 1	12 6	15 6	21 6	16 10	19 10	25 10	21 15	24 15	30 15	25 19	28 19	34 19
10	14	9 1	12 1	19 1	15 7	18 7	25 7	20 12	23 12	30 12	26 18	29 18	36 18	31 23	34 23	41 23
14	18	9 1	12 1	19 1	15 7	18 7	25 7	20 12	23 12	30 12	26 18	29 18	36 18	31 23	34 23	41 23
18	24	11 2	15 2	23 2	17 8	21 8	29 8	24 15	28 15	36 15	31 22	35 22	43 22	37 28	41 28	49 28
24	30	11 2	15 2	23 2	17 8	21 8	29 8	24 15	28 15	36 15	31 22	35 22	43 22	37 28	41 28	49 28
30	40	13 2	18 2	27 2	20 9	25 9	34 9	28 17	33 17	42 17	37 26	42 26	51 26	45 34	50 34	59 34
40	50	13 2	18 2	27 2	20 9	25 9	34 9	28 17	33 17	42 17	37 26	42 26	51 26	45 34	50 34	59 34
50	65	15 2	21 2	32 2	24 11	30 11	41 11	33 20	39 20	50 20	45 32	51 32	62 32	54 41	60 41	71 41
65	80	15 2	21 2	32 2	24 11	30 11	41 11	33 20	39 20	50 20	45 32	51 32	62 32	56 43	62 43	73 43
80	100	18 3	25 3	38 3	28 13	35 13	48 13	38 23	45 23	58 23	52 37	59 37	72 37	66 51	73 51	86 51
100	120	18 3	25 3	38 3	28 13	35 13	48 13	38 23	45 23	58 23	52 37	59 37	72 37	69 54	76 54	89 54
120	140	21 3	28 3	43 3	33 15	40 15	55 15	45 27	52 27	67 27	61 43	68 43	83 43	81 63	88 63	103 63
140	160	21 3	28 3	43 3	33 15	40 15	55 15	45 27	52 27	67 27	61 43	68 43	83 43	83 65	90 65	105 65
160	180	21 3	28 3	43 3	33 15	40 15	55 15	45 27	52 27	67 27	61 43	68 43	83 43	86 68	93 68	108 68
180	200	24 4	33 4	50 4	37 17	46 17	63 17	51 31	60 31	77 31	70 50	79 50	96 50	97 77	106 77	123 77
200	225	24 4	33 4	50 4	37 17	46 17	63 17	51 31	60 31	77 31	70 50	79 50	96 50	100 80	109 80	126 80
225	250	24 4	33 4	50 4	37 17	46 17	63 17	51 31	60 31	77 31	70 50	79 50	96 50	104 84	113 84	130 84
250	280	27 4	36 4	56 4	43 20	52 20	72 20	57 34	66 34	86 34	79 56	88 56	108 56	117 94	126 94	146 94

注：▲为优先公差带，* 为常用公差带，其余为一般用途公差带。

轴的极限偏差(公差带s～z)

基本尺寸 /mm 大于	至	s 5*	s ▲6	s 7*	t 5*	t 6*	t 7*	u 5*	u ▲6	u 7*	u 8	v 6*	x 6*	y 6*	z 6*
—	3	18 / 14	20 / 14	24 / 14	—	—	—	22 / 18	24 / 18	28 / 18	32 / 18	—	26 / 20	—	32 / 26
3	6	24 / 19	27 / 19	31 / 19	—	—	—	28 / 23	31 / 23	35 / 23	41 / 23	—	36 / 28	—	42 / 35
6	10	29 / 23	32 / 23	38 / 23	—	—	—	34 / 28	37 / 28	43 / 28	50 / 28	—	43 / 34	—	51 / 42
10	14	36 / 28	39 / 28	46 / 28	—	—	—	41 / 33	44 / 33	51 / 33	60 / 33	—	51 / 40	—	61 / 50
14	18	36 / 28	39 / 28	46 / 28	—	—	—	41 / 33	44 / 33	51 / 33	60 / 33	50 / 39	56 / 45	—	71 / 60
18	24	44 / 35	48 / 35	56 / 35	—	—	—	50 / 41	54 / 41	62 / 41	74 / 41	60 / 47	67 / 54	76 / 63	86 / 73
24	30	44 / 35	48 / 35	56 / 35	50 / 41	54 / 41	62 / 41	57 / 48	61 / 48	69 / 48	81 / 48	68 / 55	77 / 64	88 / 75	101 / 88
30	40	54 / 43	59 / 43	68 / 43	59 / 48	64 / 48	73 / 48	71 / 60	76 / 60	85 / 60	99 / 60	84 / 68	96 / 80	110 / 94	128 / 112
40	50	54 / 43	59 / 43	68 / 43	65 / 54	70 / 54	79 / 54	81 / 70	86 / 70	95 / 70	109 / 70	97 / 81	113 / 97	130 / 114	152 / 136
50	65	66 / 53	72 / 53	83 / 53	79 / 66	85 / 66	96 / 66	100 / 87	106 / 87	117 / 87	133 / 87	121 / 102	141 / 122	163 / 144	191 / 172
65	80	72 / 59	78 / 59	89 / 59	88 / 75	94 / 75	105 / 75	115 / 102	121 / 102	132 / 102	148 / 102	139 / 120	165 / 146	193 / 174	229 / 210
80	100	86 / 71	93 / 71	106 / 71	106 / 91	113 / 91	126 / 91	139 / 124	146 / 124	159 / 124	178 / 124	168 / 146	200 / 178	236 / 214	280 / 258
100	120	94 / 79	101 / 79	114 / 79	119 / 104	126 / 104	139 / 104	159 / 144	166 / 144	179 / 144	198 / 144	194 / 172	232 / 210	276 / 254	332 / 310
120	140	110 / 92	117 / 92	132 / 92	140 / 122	147 / 122	162 / 122	188 / 170	195 / 170	210 / 170	233 / 170	227 / 202	273 / 248	325 / 300	390 / 365
140	160	118 / 100	125 / 100	140 / 100	152 / 134	159 / 134	174 / 134	208 / 190	215 / 190	230 / 190	253 / 190	253 / 228	305 / 280	365 / 340	440 / 415
160	180	126 / 108	133 / 108	148 / 108	164 / 146	171 / 146	186 / 146	228 / 210	235 / 210	250 / 210	273 / 210	277 / 252	335 / 310	405 / 380	490 / 465
180	200	142 / 122	151 / 122	168 / 122	186 / 166	195 / 166	212 / 166	256 / 236	265 / 236	282 / 236	308 / 236	313 / 284	379 / 350	454 / 425	549 / 520
200	225	150 / 130	159 / 130	176 / 130	200 / 180	209 / 180	226 / 180	278 / 258	287 / 258	304 / 258	330 / 258	339 / 310	414 / 385	499 / 470	604 / 575

注:▲为优先公差带,＊为常用公差带,其余为一般用途公差带。

附表 5.2-6 孔的极限偏差(摘自 GB/T 1800.4—1999)　　单位:μm

孔的极限偏差(公差带 A～E)

基本尺寸/mm		公差带											
		A	B		C		D				E		
大于	至	11*	11*	12*	▲11	12	8*	▲9	10*	11*	8*	9*	10
—	3	330 270	200 140	240 140	120 60	160 60	34 20	45 20	60 20	80 20	28 14	39 14	54 14
3	6	345 270	215 140	260 140	145 70	190 70	48 30	60 30	78 30	105 30	38 20	50 20	68 20
6	10	370 280	240 150	300 150	170 80	230 80	62 40	76 40	98 40	130 40	47 25	61 25	83 25
10	14	400 290	260 150	330 150	205 95	275 95	77 50	93 50	120 50	160 50	59 32	75 32	102 32
14	18												
18	24	430 300	290 160	370 160	240 110	320 110	98 65	117 65	149 65	195 65	73 40	92 40	124 40
24	30												
30	40	470 310	330 170	420 170	280 120	370 120	119 80	142 80	180 80	240 80	89 50	112 50	150 50
40	50	480 320	340 180	430 180	290 130	380 130							
50	65	530 340	380 190	490 190	330 140	440 140	146 100	174 100	220 100	290 100	106 60	134 60	180 60
65	80	550 360	390 200	500 200	340 150	450 150							
80	100	600 380	440 220	570 220	390 170	520 170	174 120	207 120	260 120	340 120	126 72	159 72	212 72
100	120	630 410	460 240	590 240	400 180	530 180							
120	140	710 460	510 260	660 260	450 200	600 200							
140	160	770 520	530 280	680 280	460 210	610 210	208 145	245 145	305 145	395 145	148 85	185 85	245 85
160	180	830 580	560 310	710 310	480 230	630 230							
180	200	950 660	630 340	800 340	530 240	700 240							
200	225	1 030 740	670 380	840 380	550 260	720 260	242 170	285 170	355 170	460 170	172 100	215 100	285 100
225	250	1 110 820	710 420	880 420	570 280	740 280							

注:1. 基本尺寸小于 1 mm 时,各级的 A 和 B 均不采用。

2. ▲为优先公差带,*为常用公差带,其余为一般用途公差带。

孔的极限偏差(公差带 F～H)

基本尺寸/mm 大于	至	F 6*	F 7*	F ▲8	F 9*	G 5	G 6*	G ▲7	H 6*	H ▲7	H ▲8	H ▲9	H 10*	H ▲11	H 12*	H 13
—	3	12 6	16 6	20 6	31 6	6 2	8 2	12 2	4 0	10 0	14 0	25 0	40 0	60 0	100 0	140 0
3	6	18 10	22 10	28 10	40 10	9 4	12 4	16 4	8 0	12 0	18 0	30 0	48 0	75 0	120 0	180 0
6	10	22 13	28 13	35 13	49 13	11 5	14 5	20 5	9 0	15 0	22 0	36 0	58 0	90 0	150 0	220 0
10 14	14 18	27 16	34 16	43 16	59 16	14 6	17 6	24 6	11 0	18 0	27 0	43 0	70 0	110 0	180 0	270 0
18 24	24 30	33 20	41 20	53 20	72 20	16 7	20 7	28 7	13 0	21 0	33 0	52 0	84 0	130 0	210 0	330 0
30 40	40 50	41 25	50 25	64 25	87 25	20 9	25 9	34 9	16 0	25 0	39 0	62 0	100 0	160 0	250 0	390 0
50 65	65 80	49 30	60 30	76 30	104 30	23 10	29 10	40 10	19 0	30 0	46 0	74 0	120 0	190 0	300 0	460 0
80 100	100 120	58 36	71 36	90 36	123 36	27 12	34 12	47 12	22 0	35 0	54 0	87 0	140 0	220 0	350 0	540 0
120 140 160	140 160 180	68 43	83 43	106 43	143 43	32 14	39 14	54 14	25 0	40 0	63 0	100 0	160 0	250 0	400 0	630 0
180 200 225	200 225 250	79 50	96 50	122 50	165 50	35 15	44 15	61 15	29 0	46 0	72 0	115 0	185 0	290 0	460 0	720 0
250 280	280 315	88 56	108 56	137 56	186 56	40 17	49 17	69 17	32 0	52 0	81 0	130 0	210 0	320 0	520 0	810 0
315 355	355 400	98 62	119 62	151 62	202 62	43 18	54 18	75 18	36 0	57 0	89 0	140 0	230 0	360 0	570 0	890 0
400 450	450 500	108 68	131 68	165 68	223 68	47 20	60 20+	83 20	40 0	63 0	97 0	155 0	250 0	400 0	630 0	970 0

注：▲为优先公并带，*为常用公差带，其余为一般用途公差带。

基本尺寸 /mm		公差带												
		J			JS			K			M			
大于	至	6	7	8	6*	7*	8*	6*	▲7	8*	6*	7*	8*
—	3	2 −4	4 −6	6 −8	±3	±5	±7	0 −6	0 −10	0 −14	−2 −8	−2 −12	−2 −16
3	6	5 −3	—	10 −8	±4	±6	±9	2 −6	3 −9	5 −13	−1 −9	0 −12	1 −21
6	10	5 −4	8 −7	12 −10	±4.5	±7	±11	2 −7	5 −10	6 −16	−3 −12	0 −15	2 −25
10	14	6 −5	10 −8	15 −12	±5.5	±9	±13	2 −9	6 −12	8 −19	−4 −15	0 −18	4 −29
14	18												
18	24	8 −5	12 −9	20 −13	±6.5	±10	±16	2 −11	6 −15	10 −23	−4 −17	0 −21	5 −34
24	30												
30	40	10 −6	14 −11	24 −15	±8	±12	±19	3 −13	7 −18	12 −27	−4 −20	0 −25	5 −41
40	50												
50	65	13 −6	18 −12	28 −18	±9.5	±15	±23	4 −15	9 −21	14 −32	−5 −24	0 −30	6 −48
65	80												
80	100	16 −6	22 −13	34 −20	±11	±17	±27	8 −18	10 −25	16 −38	−5 −28	0 −35	8 −55
100	120												
120	140	18 −7	26 −14	41 −22	±12.5	±20	±31	4 −21	12 −28	20 −43	−8 −33	0 −40	9 −63
140	160												
160	180												
180	200	22 −7	30 −16	47 −25	±14.5	±23	±36	5 −24	13 −33	22 −50	−8 −37	0 −46	9 −72
200	225												
225	250												
250	280	25 −7	36 −16	55 −26	±16	±26	±40	5 −27	16 −36	25 −56	−9 −41	0 −52	11 −78
280	315												
315	355	29 −7	39 −18	60 −29	±18	±28	±44	7 −29	17 −40	28 −61	−10 −46	0 −57	11 −86
355	400												
400	450	33 −7	43 −20	66 −31	±20	±31	±48	8 −32	18 −45	29 −68	−10 −50	0 −63	+
450	500												

注:当基本尺寸大于250～315 mm时,M6 的 ES 等于−9(不等于−11)。

基本尺寸/mm		公差带											
		N			P		R		S		T		U
大于	至	6*	▲7	8*	6*	▲7	6*	7*	6*	▲7	6*	7*	▲7
—	3	−4/−10	−4/−14	−4/−18	−6/−12	−6/−16	−10/−16	−10/−20	−14/−20	−14/−24	—	...	−18/−28
3	6	−5/−13	−4/−16	−2/−20	−9/−17	−8/−20	−12/−20	−11/−23	−16/−24	−15/−27	—	—	−19/−31
6	10	−7/−16	−4/−19	−3/−25	−12/−21	−9/−24	−16/−25	−13/−28	−20/−29	−17/−32	—	—	−22/−37
10	14	−9/−20	−5/−23	−3/−30	−15/−26	−11/−29	−20/−31	−16/−34	−25/−36	−21/−39	—	—	−26/−44
14	18	−9/−20	−5/−23	−3/−30	−15/−26	−11/−29	−20/−31	−16/−34	−25/−36	−21/−39	—	—	−26/−44
18	24	−11/−24	−7/−28	−3/−36	−18/−31	−14/−35	−24/−37	−20/−41	−31/−44	−27/−48	—	—	−33/−54
24	30	−11/−24	−7/−28	−3/−36	−18/−31	−14/−35	−24/−37	−20/−41	−31/−44	−27/−48	−37/−50	−33/−54	−40/−61
30	40	−12/−28	−8/−33	−3/−42	−21/−37	−17/−42	−29/−45	−25/−50	−38/−54	−34/−59	−43/−59	−39/−64	−51/−76
40	50	−12/−28	−8/−33	−3/−42	−21/−37	−17/−42	−29/−45	−25/−50	−38/−54	−34/−59	−49/−65	−45/−70	−61/−86
50	65	−14/−33	−9/−39	−4/−50	−26/−45	−21/−51	−35/−54	−30/−60	−47/−66	−42/−72	−60/−79	−55/−85	−76/−106
65	80	−14/−33	−9/−39	−4/−50	−26/−45	−21/−51	−37/−56	−32/−62	−53/−72	−48/−78	−69/−88	−64/−94	−91/−121
80	100	−16/−38	−10/−45	−4/−58	−30/−52	−24/−59	−44/−66	−38/−73	−64/−86	−58/−93	−84/−106	−78/−113	−111/−146
100	120	−16/−38	−10/−45	−4/−58	−30/−52	−24/−59	−47/−69	−41/−76	−72/−94	−66/−101	−97/−119	−91/−126	−131/−166
120	140	−20/−45	−12/−52	−4/−67	−36/−61	−28/−68	−56/−81	−48/−88	−85/−110	−77/−117	−115/−140	−107/−147	−155/−195
140	160	−20/−45	−12/−52	−4/−67	−36/−61	−28/−68	−58/−83	−50/−90	−93/−118	−85/−125	−127/−152	−119/−159	−175/−215
160	180	−20/−45	−12/−52	−4/−67	−36/−61	−28/−68	−61/−86	−53/−93	−101/−126	−93/−133	−139/−164	−131/−171	−195/−235
180	200	−22/−51	−14/−60	−5/−77	−41/−70	−33/−79	−68/−97	−60/−106	−113/−142	−105/−151	−157/−186	−149/−195	−219/−265
200	225	−22/−51	−14/−60	−5/−77	−41/−70	−33/−79	−71/−100	−63/−109	−121/−150	−113/−159	−171/−200	−163/−209	−241/−287

注:1. 基本尺寸小于 1 mm 时,大于 IT8 的 N 不采用。

2. ▲为优先公差带,* 为常用公差带,其余为一般用途公差带。

附录 5.3 形 位 公 差

附表 5.3-1 直线度与平面度公差值(GB/T 1184—1996)

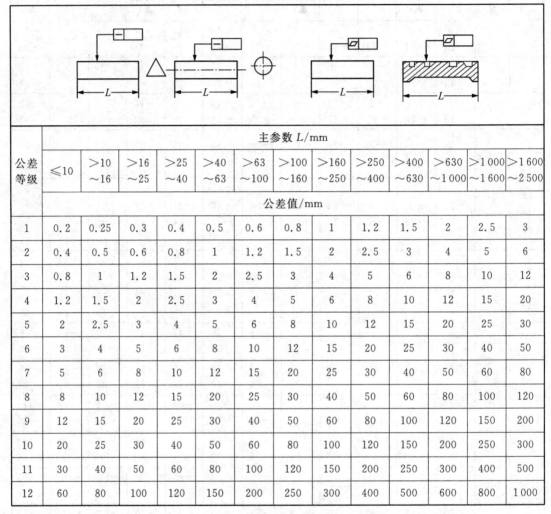

公差等级	主参数 L/mm												
	≤10	>10 ~16	>16 ~25	>25 ~40	>40 ~63	>63 ~100	>100 ~160	>160 ~250	>250 ~400	>400 ~630	>630 ~1 000	>1 000 ~1 600	>1 600 ~2 500
	公差值/mm												
1	0.2	0.25	0.3	0.4	0.5	0.6	0.8	1	1.2	1.5	2	2.5	3
2	0.4	0.5	0.6	0.8	1	1.2	1.5	2	2.5	3	4	5	6
3	0.8	1	1.2	1.5	2	2.5	3	4	5	6	8	10	12
4	1.2	1.5	2	2.5	3	4	5	6	8	10	12	15	20
5	2	2.5	3	4	5	6	8	10	12	15	20	25	30
6	3	4	5	6	8	10	12	15	20	25	30	40	50
7	5	6	8	10	12	15	20	25	30	40	50	60	80
8	8	10	12	15	20	25	30	40	50	60	80	100	120
9	12	15	20	25	30	40	50	60	80	100	120	150	200
10	20	25	30	40	50	60	80	100	120	150	200	250	300
11	30	40	50	60	80	100	120	150	200	250	300	400	500
12	60	80	100	120	150	200	250	300	400	500	600	800	1 000

附表 5.3-2 圆度与圆柱度公差值(GB/T 1184—1996)

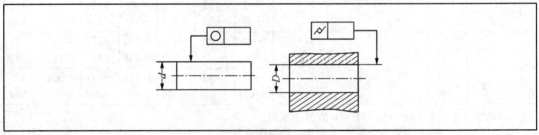

公差等级	主参数 $d(D)$/mm											
	≤3	>3 ~6	>6 ~10	>10 ~18	>18 ~30	>30 ~50	>50 ~80	>80 ~120	>120 ~180	>180 ~250	>250 ~315	>315 ~400	>400 ~500
	公差值/μm											
0	0.1	0.1	0.12	0.15	0.2	0.25	0.3	0.4	0.6	0.8	1	1.2	1.5
1	0.2	0.2	0.25	0.25	0.3	0.4	0.5	0.6	1	1.2	1.6	2	2.5
2	0.3	0.4	0.4	0.5	0.6	0.6	0.8	1	1.2	2	2.5	3	4
3	0.5	0.6	0.6	0.8	1	1	1.2	1.5	2	3	4	5	6
4	0.8	1	1	1.2	1.5	1.5	2	2.5	3.5	4.5	6	7	8
5	1.2	1.5	1.5	2	2.5	2.5	3	4	5	7	8	9	10
6	2	2.5	2.5	3	4	4	5	6	8	10	12	13	15
7	3	4	4	5	6	7	8	10	12	14	16	18	20
8	4	5	6	8	9	11	13	15	18	20	23	25	27
9	6	8	9	11	13	16	19	22	25	29	32	36	40
10	10	12	15	18	21	25	30	35	40	46	52	57	63
11	14	18	22	27	33	39	46	54	63	72	81	89	97
12	25	30	36	43	52	62	74	87	100	115	130	140	155

附表 5.3－3　平行度、垂直度和倾斜度公差值(GB/T 1184—1996)

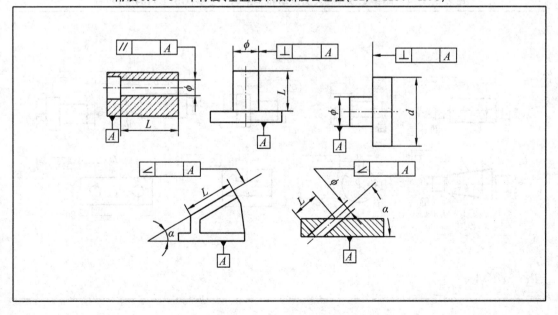

公差等级	主要参数 L、$d(D)$/mm												
	≤10	>10 ~16	>16 ~25	>25 ~40	>40 ~63	>63 ~100	>100 ~160	>160 ~250	>250 ~400	>400 ~630	>630 ~1 000	>1 000 ~1 600	>1 600 ~2 500	>2 500 ~4 000
	公差值/μm												
1	0.4	0.5	0.6	0.8	1	1.2	1.5	2	2.5	3	4	5	6	8
2	0.8	1	1.2	1.5	2	2.5	3	4	5	6	8	10	12	15
3	1.5	2	2.5	3	4	5	6	8	10	12	15	20	25	30
4	3	4	5	6	8	10	12	15	20	25	30	40	50	60
5	5	6	8	10	12	15	20	25	30	40	50	60	80	100
6	8	10	12	15	20	25	30	40	50	60	80	100	120	150
7	12	15	20	25	30	40	50	60	80	100	120	150	200	250
8	20	25	30	40	50	60	80	100	120	150	200	250	300	400
9	30	40	50	60	80	100	120	150	200	250	300	400	500	600
10	50	60	80	100	120	150	200	250	300	400	500	600	800	1 000
11	80	100	120	150	200	250	300	400	500	600	800	1 000	1 200	1 500
12	120	150	200	250	300	400	500	600	800	1 000	1 200	1 500	2 000	2 500

附表 5.3 - 4　同轴度、对称度、圆跳动和全跳动公差值(GB/T 1184—1996)

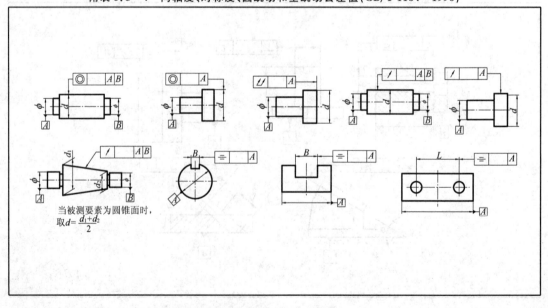

当被测要素为圆锥面时，

取 $d = \dfrac{d_1 + d_2}{2}$

公差等级	主参数 $d(D)$、B、L/mm												
	≤1	>1~3	>3~6	>6~10	>10~18	>18~30	>30~50	>50~120	>120~250	>250~500	>500~800	>800~1 250	>1 250~2 000
	公差值/μm												
1	0.4	0.4	0.5	0.6	0.8	1	1.2	1.5	2	2.5	3	4	5
2	0.6	0.6	0.8	1	1.2	1.5	2	2.5	3	4	5	6	8
3	1	1	1.2	1.5	2	2.5	3	4	5	6	8	10	12
4	1.5	1.5	2	2.5	3	4	5	6	8	10	12	15	20
5	2.5	2.5	3	4	5	6	8	10	12	15	20	25	30
6	4	4	5	6	8	10	12	15	20	25	30	40	50
7	6	6	8	10	12	15	20	25	30	40	50	60	80
8	10	10	12	15	20	25	30	40	50	60	80	100	120
9	15	20	25	30	40	50	60	80	100	120	150	200	250
10	25	40	50	60	80	100	120	150	200	250	300	400	500
11	40	60	80	100	120	150	200	250	300	400	500	600	800
12	60	120	150	200	250	300	400	500	600	800	1 000	1 200	1 500

附表 5.3－5　形位公差应用举例
附表 5.3－5－1　直线度和平面度公差常用等级的应用举例

公差等级	应用举例
5	1级平板、2级宽平尺、平面磨床的纵导轨、立柱导轨级工作台,液压龙门刨床和六角车床床身导轨,柴油机进气、排气阀门导杆
6	普通机床导轨面,如卧式车床、龙门刨床、滚齿机、自动车床等的床身导轨立柱导轨、柴油机壳体
7	2级平板,机床主轴箱、摇臂钻床底座和工作台,镗床工作台,液压泵盖,减速器壳体结合面
8	机床传动箱体,交换齿轮箱体,车床溜板箱体,柴油机气缸体,连杆分离面,缸盖结合面,汽车发动机缸盖、曲轴箱结合面,液压管件和法兰连接面
9	3级平板,自动车床床身底面,摩托车箱体,汽车变速器壳体,手动机械的支承面

附表 5.3－5－2　圆度和圆柱度公差常用等级的应用举例

公差等级	应用举例
5	一般计量仪器主轴、测杆外圆柱面、陀螺仪轴颈、一般机床主轴轴颈及主轴轴承孔、柴油机、汽油机活塞、活塞销、与6级滚动轴承配合的轴颈

公差等级	应用举例
6	仪表端盖外圆柱面，一般机床主轴及箱体孔，泵、压缩机的活塞、气缸、汽车发动机凸轮轴，减速器轴颈，高速船用柴油机、拖拉机曲轴主轴颈，与 6 级滚动轴承配合的外壳孔，与 0 级滚动轴承配合的轴颈
7	大功率低速柴油机曲轴轴颈、活塞、活塞销、连杆、气缸，高速柴油机箱体轴承孔，千斤顶或压力液压缸活塞，汽车传动轴，水泵及通用减速器轴颈，与 0 级滚动轴承配合的外壳孔
8	低速发动机、减速器、大功率曲柄轴轴颈，拖拉机气缸体、活塞，印刷机传墨辊，内燃机曲轴，柴油机机体孔、凸轮轴，拖拉机、小型船用柴油机汽缸套等。
9	空气压缩机缸体，液压传动筒，通用机械杠杆与拉杆用套筒销子，拖拉机活塞环、套筒孔等

附表 5.3－5－3　平行度和垂直度公差常用等级的应用举例

公差等级	平行度应用举例		垂直度应用举例
	面对面平行度	面对线、线对线平行度	
4、5	普通机床、测量仪器、量具的基准面和工作面、高精度轴承座圈、端盖、挡圈的端面等	机床主轴孔对基准面的要求，重要轴承孔对基准面的要求，主轴箱体重要孔间的要求，齿轮泵的端面等	普通机床导轨，精密机床重要零件，机床重要支承面，普通机床主轴偏摆，测量仪器、刀具、量具，液压传动轴瓦端面，刀具、量具的工作面和基准面等
6、7、8	一般机床零件的工作面和基准面，一般刀具、量具、夹具等	机床一般轴承孔对基准面的要求，床头箱一般孔间的要求，主轴花键对定心直径的要求，刀具、量具、模具等	普通精密机床主要基准面和工作面，回转工作台端面，一般导轨，主轴箱体孔，刀架、砂轮架及工作台回转中心，一般轴肩对其轴线等
9、10	低精度零件，重型机械滚动轴承端盖等	柴油机和燃气发动机的曲轴孔、轴颈等	花键轴轴肩端面，带式运输机法兰盘等的端面、轴线，手动卷扬机及传动装置中轴承端面，减速器壳体平面等

附表 5.3－5－4　同轴度、对称度和跳动公差常用等级的应用举例

公差等级	应用举例
5、6、7	应用范围较广的公差等级。用于形位精度要求较高、尺寸公差等级为 IT8 及高于 IT8 的零件。5 级常用于机床主轴轴颈，计量仪器的测杆，汽轮机主轴，柱塞油泵转子，高精度滚动轴承外圈，一般精度滚动轴承内圈；6、7 级用于内燃机曲轴，凸轮轴轴颈、齿轮轴、水泵轴、汽车后轮输出轴，电子转子，印刷机传墨辊的轴颈、键槽等
8、9	常用于形位精度要求一般、尺寸公差等级为 IT9～IT11 的零件。8 级用于拖拉机发动机分配轴轴颈，与 9 级精度以下齿轮相配的轴，水泵叶轮，离心泵体，棉花精梳机前后滚子，键槽等；9 级用于内燃机气缸套配合面，自行车中轴等

形状公差 t 占尺寸公差 T 的百分比 $t/T(\%)$	表面结构参数值占尺寸公差百分比	
	$Ra/T(\%)$	$Rz/T(\%)$
约 60	≤5	≤20
约 40	≤2.5	≤10
约 25	≤1.2	≤5

附录 5.4　材料及热处理

附表 5.4 - 1　常用钢牌号及用途

名称	牌号	应用举例
碳素结构钢 （见 GB 700—1988）	Q215 Q235	塑性较高,强度较低,焊接性好,常用作各种板材及型钢,制作工程结构或机器中受力不大的零件,如螺钉、螺母、垫圈、吊钩、拉杆等;也可渗碳,制作不重要的渗碳零件
	Q275	强度较高,可制作承受中等应力的普通零件,如紧固件、吊钩、拉杆等;也可经热处理后制造不重要的轴
优质碳素结构钢 （见 GB 699—1988）	15 20	塑性、韧性、焊接性和冷冲性很好,但强度较低。用于制造受力不大、韧性要求较高的零件、紧固件、渗碳零件及不要求热处理的低负荷零件,如螺栓、螺钉、拉条、法兰盘等
	35	有较好的塑性和适当的强度,用于制造曲轴、转轴、轴销、杠杆、连杆、横梁、链轮、垫圈、螺钉、螺母等。这种钢多在正火和调质状态下使用,一般不作焊接用
	40 45	用于要求强度较高、韧性要求中等的零件,通常进行调质或正火处理,用于制造齿轮、齿条、链轮、轴、曲轴等;经高频表面淬火后可代替渗碳钢制作齿轮轴、活塞销等零件
	55	经热处理后有较高的表面硬度和强度,具有较好韧性,一般经正火或淬火、回火后使用,用于制造齿轮、连杆、轮圈及轧辊等,焊接性及冷变形均低
	65	一般经淬火中温回火,具有较高弹性,适用于制作小尺寸弹簧
	15Mn	性能与 15 钢相似,但其淬透性、强度和塑性均稍高于 15 钢,用于制作中心部分的力学性能要求较高且需渗碳的零件,这种钢焊接性好
	65Mn	性能与 65 钢相似,适于制造弹簧、弹簧垫圈、弹簧环和片,以及冷拔钢丝（≤7 mm）和发条

名称	牌号	应用举例
合金结构钢 （见 GB 3077—1988）	20Cr	用于渗碳零件，制作受力不太大、不需要强度很高的耐磨零件，如机床齿轮、齿轮轴、蜗杆、凸轮、活塞销等
	40Cr	调质后强度比碳钢高，常用作中等截面、要求力学性能比碳钢高的重要调质零件，如齿轮、轴、曲轴、连杆螺栓等
	20CrMnTi	强度、韧性均高，是铬镍钢的代用材料。经热处理后，用于支承高速、中等或重负荷以及冲击、磨损等的重要材料，如渗碳齿轮、凸轮等
	38CrMoAl	是渗氮专用钢种，经热处理后用于要求高耐磨性、高疲劳强度和相当高的强度且热处理变形小的零件，如镗杆、主轴、齿轮、蜗杆、套筒、套环等
	35SiMn	除了要求低温（−20℃以下）及冲击韧性很高的情况外，可全面替代 40Cr 作调质钢；亦可部分代替 40CrNi，制作中小型轴类、齿轮等零件
	50CrVA	用于 φ30～φ50 重要的承受大应力的各种弹簧；也可以作大截面的温度低于 400℃ 的气阀弹簧、喷油嘴弹簧等
铸钢 （见 GB 11352—1989）	ZG200—400	用于各种形状的零件，如机座、变速箱壳等
	ZG230—450	用于铸造平坦的零件，如机座、机盖、箱体等
	ZG270—500	用于各种形状的零件，如飞轮、机架、水压机工作缸、横梁等

附表 5.4 - 2　常用铸铁牌号及用途

名称	牌号	应用举例	说明
灰铸铁 （见 GB 4939—1985）	HT100	低载荷和不重要零件，如盖、外罩、手轮、支架、重锤等	牌号中"HT"是"灰铁"两字汉语拼音的第一个字母，其后的数字表示最低抗拉强度（MPa），但这一力学性能与铸件壁厚有关
	HT150	承受中等应力的零件，如支柱、底座、齿轮箱、工作台、刀架、端盖、阀体、管路附件及一般无工作要求的零件	
	HT200 HT250	承受较大应力和较重要零件，如汽缸体、齿轮、机座、飞轮、床身、缸套、活塞、刹车轮、联轴器、齿轮箱、轴承座、油缸等	
	HT300 HT350 HT400	承受高弯曲应力及抗拉应力的重要零件，如齿轮、凸轮、车床卡盘、剪床和压力机的机身、床身、高压油缸、滑阀壳体等	

名称	牌号	应用举例	说明
球墨铸铁 (见 GB 1348—1989)	QT400—15 QT450—10 QT500—7 QT600—3 QT700—2	球墨铸铁可替代部分碳钢、合金钢,用来制造一些受力复杂,强度、韧性和耐磨性要求高的零件。前两种牌号的球墨铸铁具有较高的韧性和塑性,常用来制造受压阀门,机器底座、汽车后桥壳等;后两种牌号的球墨铸铁具有较高的强度和耐磨性,常用来制造拖拉机或柴油机中的曲轴、连杆、凸轮轴、各种齿轮,机床的主轴、蜗杆、蜗轮、轧钢机的轧辊、大齿轮,大型水压机的工作缸、缸套、活塞等	牌号中的"QT"是"球铁"两字汉语拼音的第一个字母,后面两组数字分别表示其最低抗拉强度(MPa)和最小伸长率($\delta \times 100$)

附表 5.4 - 3　常用有色金属牌号及用途

名称	牌号		应用举例
加工黄铜 (见 GB 5232—1985)	普通黄铜	H62	销钉、铆钉、螺钉、螺母、垫圈、弹簧等
		H68	复杂的冷冲压件、散热器外壳、弹壳、导管、波纹管、轴套等
		H90	双金属片、供水和排水管、证章、艺术品等
	镀青铜	QBe2	用于重要的弹簧及弹性元件、耐磨零件以及在高速、高压和高温下工作的轴承等
	铅黄铜	HPb59—1	适用于仪器仪表等工业部门的切削加工零件,如销、螺钉、螺母、轴套等
加工青铜 (见 GB 5232—1985)	锡青铜 加工锡青铜	QSn4—3	弹性元件、管配件、化工机械中耐磨零件及抗磁零件
		QSn6.5—0.1	弹簧、接触片、振动片、精密仪器中的耐磨零件
	铸造锡青铜	ZCuSn10Pb1	重要的减磨零件,如轴承、轴套、蜗轮、摩擦轮、机床丝杆螺母等
		ZCaSn5Pb57n5	中速、中载荷的轴承、轴套、蜗轮等耐磨零件
铸造铝合金 (见 GB 1172—1999)		ZA1Si7Mg (ZL101)	形状复杂的砂型、金属型和压力铸造零件,如飞机、仪器的零件,抽水机壳体,工作温度不超过185℃的汽化器等
		ZA1Si12 (ZL102)	形状复杂的砂型、金属型和压力铸造零件,如仪表、抽水机壳体,工作温度在200℃以下、要求气密性、承受低负荷的零件
		ZA1Si5Cu1Mg (ZL105)	砂型、金属型和压力铸造的形状复杂、在225℃以下工作的零件,如风冷发动机的气缸头、机匣、油泵壳体等
		ZA1Si12Cu2Mg1 (ZL108)	砂型、金属型铸造的,要求高温强度及低膨胀系数的高速内燃机活塞及其他耐热零件

名称		说明	应用
钢的常用热处理方法及应用	退火（焖火）	退火是将钢件（或钢坯）加热到临界温度以下 30～50℃ 保温一段时间，然后再缓慢地冷却下来（一般用炉冷）	用来消除铸、锻、焊零件的内应力，降低硬度，以易于切削加工，细化金属晶粒，改善组织，增加韧度
	正火（正常化）	正火是将钢件加热到临界温度以上，保温一段时间，然后用空气冷却，冷却速度比退火快	用来处理低碳和中碳结构钢材及渗碳零件，使其组织细化，增加强度及韧度，减少内应力，改善切削性能
	淬火	淬火时将钢件加热到临界点以上温度，保温一段时间，然后放入水、盐水或油中（个别材料在空气中）急剧冷却，使其得到高硬度	用来提高钢的硬度和强度极限，但淬火时会引起内应力而使钢变脆，所以淬火后必须回火
	回火	回火是将淬硬的钢件加热到临界点以下的温度，保温一段时间，然后在空气中或油中冷却下来	用来消除淬火后的脆性和内应力，提高钢的塑性和冲击韧度
	调质	淬火后高温回火	用来使钢获得高的韧度和足够的强度，很多重要的零件是经过调质处理的
	表面淬火	使零件表层有高的硬度和耐磨性，而心部保持原有的强度和韧度	常用来处理齿轮的表面
	时效	将钢加热≤120～130℃，长时间保温后，随炉或取出在空气中冷却	用来消除或减小淬火后的微观应力，防止变形和开裂，稳定工件形状及尺寸以及消除机械加工的残余应力
钢的化学热处理方法及应用	渗碳	使表面增碳：渗碳层深度 0.4～6 mm 或 >6 mm，硬度为 56～65HRC	增加钢件的耐磨性能、表面硬度、抗拉强度及疲劳极限 适用于低碳、中碳（<0.40％C）结构钢的中小型零件和大型的重负荷、受冲击、耐磨的零件
	液体碳氮共渗	使表面增加碳氮，扩散层深度较浅，为 0.02～3.0 mm；硬度高，在共渗层为 0.02～0.04 mm 时为 66～70HRC	增加结构钢、工具钢制件和耐磨性能、表面硬度和疲劳极限，提高刀具切削性能和使用寿命 适用于要求硬度高，耐磨的中、小型及薄片的零件和刀具等
	渗氮	表面增氮，氮化层为 0.025～0.8 mm，而渗氮时间需 40～50 多小时，硬度很高（1 200HV），耐磨、抗蚀性能高	增加钢件的耐磨性性能、表面硬度、疲劳极限和抗蚀能力 适用于结构钢和铸铁件，如汽缸套、气门座、机床主轴、丝杆等耐磨零件，以及在潮湿咸水和燃烧气体介质的环境中工作的零件，如水泵轴、排气阀等零件

附录6　常用标准数据和标准结构

附表 6-1　标准尺寸(直径、长度、高度)(10～100)(摘自 GB/T 2822—2005)　　　单位：mm

R			R'			R			R'		
R10	R20	R40	R'10	R'20	R'40	R10	R20	R40	R'10	R'20	R'40
10.0	10.0		10	10			35.5	35.5		36	36
	11.2			11				37.5			38
12.5	12.5	12.5	12	12	12	40.0	40.0	40.0	40	40	40
		13.2			13			42.5			42
	14.0	14.0		14	14		45.0	45.0		45	45
		15.0			15			47.5			48
16.0	16.0	16.0	16	16	16	50.0	50.0	50.0	50	50	50
		17.0			17			53.0			53
	18.0	18.0		18	18		56.0	56.0		56	56
		19			19			60.0			60
20.0	20.0	20.0	20	20	20	63.0	63.0	63.0	63	63	63
		20.2			21			67.0			67
	22.4	22.4		22	22		71.0	71.0		71	71
		23.6			24			75.0			75
25.0	25.0	25.0	25	25	25	80.0	80.0	80.0	80	80	80
		26.5			26			85.0			85
	28.0	28.0		28	28		90.0	90.0		90	90
		30.0			30			95.0			95
31.5	31.5	31.5	32	32	32	100.0	100.0	100.0	100	100	100
		33.5			34						

注:1. 选择标准尺寸系列及单个尺寸时,应首先在优先数系 R 系列中选,并按 R10、R20、R40 的顺序,优先选用公比较大的基本系数及其单值。

2. 如果必须将数值圆整,可在相应的 R' 系列中按 R'10、R'20、R'40 的顺序选用标准尺寸。

附表 6-2　线性尺寸的极限偏差数值(摘自 GB/T 1804—2008)　　　　　单位:mm

公差等级	基本尺寸分段							
	0.5~3	>3~6	>6~30	>30~120	>120~400	>400~1 000	>1 000~2 000	>2 000~4 000
精密 f	±0.05	±0.05	±0.1	±0.15	±0.2	±0.3	±0.5	—
中等 m	±0.1	±0.1	±0.2	±0.3	±0.5	±0.8	±1.2	±2
粗糙 c	±0.2	±0.3	±0.5	±0.8	±1.2	±2	±3	±4
最粗 v	—	±0.5	±1	±1.5	±2.5	±4	±6	±8

附表 6-3　零件倒圆与倒角(摘自 GB/T 6403.4—2008)　　　　　单位:mm

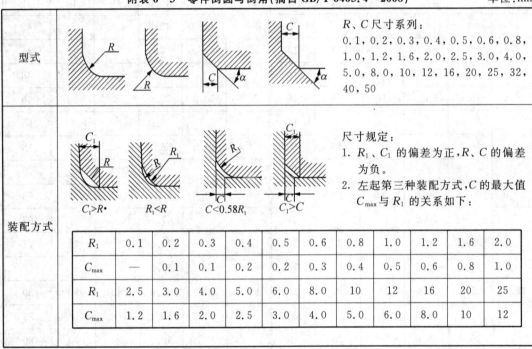

| 型式 | | R、C 尺寸系列:
0.1, 0.2, 0.3, 0.4, 0.5, 0.6, 0.8,
1.0, 1.2, 1.6, 2.0, 2.5, 3.0, 4.0,
5.0, 8.0, 10, 12, 16, 20, 25, 32,
40, 50 |

尺寸规定:
1. R_1、C_1 的偏差为正,R、C 的偏差为负。
2. 左起第三种装配方式,C 的最大值 C_{max} 与 R_1 的关系如下:

装配方式　　$C_1>R$•　　$R_1<R$　　$C<0.58R_1$　　$C_1>C$

R_1	0.1	0.2	0.3	0.4	0.5	0.6	0.8	1.0	1.2	1.6	2.0
C_{max}	—	0.1	0.1	0.2	0.2	0.3	0.4	0.5	0.6	0.8	1.0
R_1	2.5	3.0	4.0	5.0	6.0	8.0	10	12	16	20	25
C_{max}	1.2	1.6	2.0	2.5	3.0	4.0	5.0	6.0	8.0	10	12

直径 ϕ 相应的倒角 C、倒圆 R 推荐值

ϕ	C 或 R	ϕ	C 或 R	ϕ	C 或 R	ϕ	C 或 R	ϕ	C 或 R
~3	0.2	>18~30	1.0	>120~180	3.0	>400~500	8.0	>1 000~1 250	20
>3~6	0.4	>30~50	1.6	>180~250	4.0	>500~630	10	>1 250~1 600	25
>6~10	0.6	>50~80	2.0	>250~320	5.0	>630~800	12		
>10~18	0.8	>80~120	2.5	>320~400	6.0	>800~1 000	16		

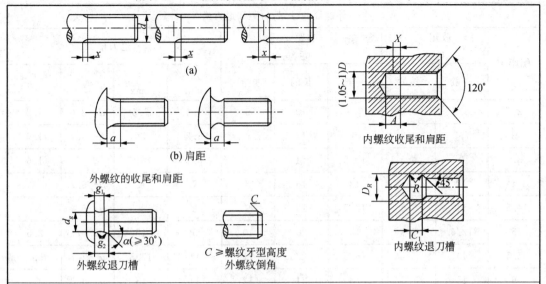

内螺纹收尾和肩距

外螺纹的收尾和肩距

(a)

(b) 肩距

外螺纹退刀槽

$C ≥$ 螺纹牙型高度
外螺纹倒角

内螺纹退刀槽

外螺纹的收尾,肩距和退刀槽									
螺距 P	收尾 x max		肩距 a max			退刀槽			
	一般	短的	一般	长的	短的	g_1 min	g_2 max	d_g	r $\sim$
0.2	0.5	0.25	0.6	0.8	0.4				
0.25	0.6	0.3	0.75	1	0.5	0.4	0.75	$d-0.4$	0.12
0.3	0.75	0.4	0.9	1.2	0.6	0.5	0.9	$d-0.5$	0.16
0.35	0.9	0.45	1.05	1.4	0.7	0.6	1.05	$d-0.6$	0.16
0.4	1	0.5	1.2	1.6	0.8	0.6	1.2	$d-0.7$	0.2
0.45	1.1	0.6	1.35	1.8	0.9	0.7	1.35	$d-0.7$	0.2
0.5	1.25	0.7	1.5	2	1	0.8	1.5	$d-0.8$	0.2
0.6	1.5	0.75	1.8	2.4	1.2	0.9	1.8	$d-1$	0.4
0.7	1.75	0.9	2.1	2.8	1.4	1.1	2.1	$d-1.1$	0.4
0.75	1.9	1	2.25	3	1.5	1.2	2.25	$d-1.2$	0.4
0.8	2	1	2.4	3.2	1.6	1.3	2.4	$d-1.3$	0.4
1	2.5	1.25	3	4	2	1.6	3	$d-1.6$	0.6
1.25	3.2	1.6	4	5	2.5	2	3.75	$d-2$	0.6
1.5	3.8	1.9	4.5	6	3	2.5	4.5	$d-2.3$	0.8
1.75	4.3	2.2	5.3	7	3.5	3	5.25	$d-2.6$	1
2	5	2.5	6	8	4	3.4	6	$d-3$	1

外螺纹的收尾,肩距和退刀槽										
螺距 P	收尾 x max		肩距 a max			退刀槽				
	一般	短的	一般	长的	短的	g_1 min	g_2 max	d_g	r ~	
2.5	6.3	3.2	7.5	10	5	4.4	7.5	$d-3.6$	1.2	
3	7.5	3.8	9	12	6	5.2	9	$d-4.4$	1.6	
3.5	9	4.5	10.5	14	7	6.2	10.5	$d-5$	1.6	
4	10	5	12	16	8	7	12	$d-5.7$	2	
4.5	11	5.5	13.5	18	9	8	13.5	$d-6.4$	2.5	
5	12.5	6.3	15	20	10	9	15	$d-7$	2.5	
5.5	14	7	16.5	22	11	11	17.5	$d-7.7$	3.2	
6	15	7.5	18	24	12	11	18	$d-8.3$	3.2	
参考值	$=2.5P$	$=1.25P$	$=3P$	$=4P$	$=2P$	—	$=3P$	—	—	

注:1. 应优先选用"一般"长度的收尾和肩距;"短"收尾和"短"肩距仅用于结构受限制的螺纹件上;产品等级为 B 或 C 级的螺纹紧固件可采用"长"肩距。

2. d 为螺纹公称直径代号。

3. d_g 公差为:h13($d>3$mm),h12($d\leqslant3$mm)。

内螺纹的收尾、肩距和退刀槽								
螺距 P	收尾 X max		肩距 A		退刀槽			
					G_1		D_g	R ~
	一般	短的	一般	长的	一般	短的		
0.25	1	0.5	1.5	2				
0.3	1.2	0.6	1.8	2.4				
0.35	1.4	0.7	2.2	2.8				
0.4	1.6	0.8	2.5	3.2			$D+0.3$	
0.45	1.8	0.9	2.8	3.6				
0.5	2	1	3	4	2	1		0.2
0.6	2.4	1.2	3.2	4.8	2.4	1.2		0.3
0.7	2.8	1.4	3.5	5.6	2.8	1.4		0.4
0.75	3	1.5	3.8	6	3	1.5		0.4
0.8	3.2	1.6	4	6.4	3.2	1.6		0.4

螺距 P	收尾 X max		肩距 A		退刀槽			
					G_1		D_g	R $\sim$
	一般	短的	一般	长的	一般	短的		
1	4	2	5	8	4	2		0.5
1.25	5	2.5	6	10	5	2.5		0.6
1.5	6	3	7	12	6	3		0.8
1.75	7	3.5	9	14	7	3.5		0.9
2	8	4	10	16	8	4		1
2.5	10	5	12	18	10	5		1.2
3	12	6	14	22	12	6	$D+0.5$	1.5
3.5	14	7	16	24	14	7		1.8
4	16	8	18	26	16	8		2
4.5	18	9	21	29	18	9		2.2
5	20	10	23	32	20	10		2.5
5.5	22	11	25	35	22	11		2.8
6	24	12	28	38	24	12		3
参考值	$=4P$	$=2P$	$=(6-5)$ P	$=(8-6.5)$ P	$=4P$	$=2P$	—	$=0.5P$

注：1. 应优先选用"一般"长度的收尾和肩距；容屑需要较大空间时可选用"长"肩距，结构受限制时可选用"短"收尾。

2. "短"退刀槽仅在结构受限制时采用。

3. D_g 公差为 H13。

4. D 为螺纹公称直径代号。

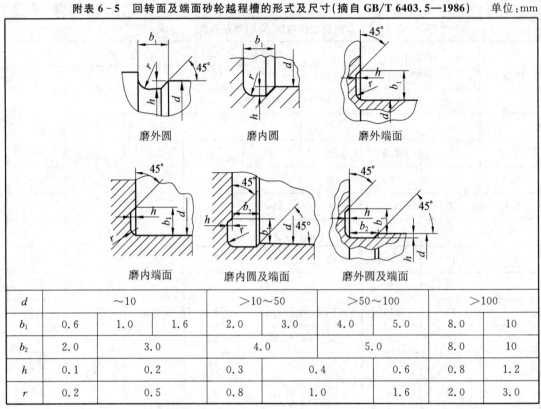

d	~ 10			$>10\sim50$		$>50\sim100$		>100	
b_1	0.6	1.0	1.6	2.0	3.0	4.0	5.0	8.0	10
b_2	2.0	3.0		4.0		5.0		8.0	10
h	0.1	0.2		0.3	0.4		0.6	0.8	1.2
r	0.2	0.5		0.8	1.0		1.6	2.0	3.0

附表 6 - 6 　中心孔(摘自 GB/T 145—2001)　　单位:mm

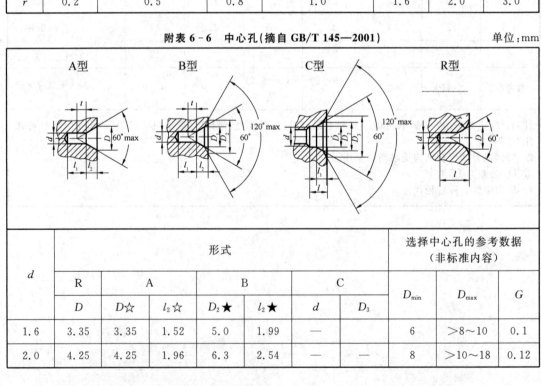

d	形式							选择中心孔的参考数据 (非标准内容)		
	R	A		B		C		D_{min}	D_{max}	G
	D	D☆	l_2☆	D_2★	l_2★	d	D_3			
1.6	3.35	3.35	1.52	5.0	1.99	—	—	6	$>8\sim10$	0.1
2.0	4.25	4.25	1.96	6.3	2.54	—	—	8	$>10\sim18$	0.12

d	形式							选择中心孔的参考数据 （非标准内容）		
	R	A		B		C		D_{min}	D_{max}	G
	D	D☆	l_2☆	D_2★	l_2★	d	D_3			
2.5	5.3	5.3	2.42	8.0	3.20	—	—	10	>18～30	0.2
3.15	6.7	6.7	3.07	10.0	4.03	M3	5.8	12	>30～50	0.5
4.0	8.5	8.5	3.90	12.5	5.05	M4	7.4	15	>50～80	0.8
(5.0)	10.6	10.6	4.85	16.0	6.41	M5	8.8	20	>80～120	1.0
6.3	13.2	13.2	5.98	18.0	7.36	M6	10.5	25	>120～180	1.5
(8.0)	17.0	17.0	7.79	22.4	9.36	M8	13.2	30	>180～220	2.0
10.0	21.2	21.2	9.70	28.0	11.66	M10	16.3	42	>220～260	3.0

注：1.括号内的尺寸尽量不采用；2.D_{min}为原料端部最小直径；3.D_{max}为轴状材料最大直径；4.G为工件最大质量(t)；5.螺纹长度L按零件的功能要求确定。

☆　任选其一。

★　任选其一。

为了表达在完工的零件上是否保留中心孔的要求，可采用下表中规定的符号。

要求	符号	标注示例	解释
在完工的零件上要求保留中心孔		GB/T 4459.5—B2.5/8	要求做出 B 型中心孔 $D=2.5$，$D_1=8$ 在完工的零件上要求保留
在完工的零件上可以保留中心孔		GB/T 4459.5—A4/8.5	用 A 型中心孔 $D=4$，$D_1=8.5$ 在完工的零件上是否保留都可以
在完工的零件上不允许保留中心孔		GB/T 4459.5—A1.6/3.35	用 A 型中心孔 $D=1.6$，$D_1=3.35$ 在完工的零件上不允许保留

附表 6-7　圆柱形轴伸(摘自 GB 1569—1990)　　　　单位：mm

基本尺寸 (d)	极限偏差	长系列 (L)	短系列 (L)	基本尺寸 (d)	极限偏差	长系列 (L)	短系列 (L)
6	+0.006	16		85	+0.035	170	130
7	−0.002			90	+0.013		
8	+0.007	20		95			
9	−0.002			100		210	165
10		23	20	110			
11				120			
12	+0.008	30	25	125			
14	−0.003			130	−0.040	250	200
16		40	28	140	−0.015		
18	j6			150			
19				160		300	240
20	+0.009	50	36	170			
22	−0.004			180			
24				190	+0.046	350	280
25		60	42	200	+0.017		
28				220			
30		80	58	240	m6	410	330
32				250			
35				260	+0.052		
38				280	+0.020	470	380
40	+0.018	110	82	300			
42	+0.002 k6			320			
45				340	+0.057	550	450
48				360	+0.021		
50				380			
55				400		650	540
56				420			
60		140	105	440			
63	+0.030			450	+0.063		
65	+0.011 m6			460	+0.023		
70				480			
71				500			
75				530		800	680
80		170	130	560	+0.070		
				600	+0.026		
				630			

d	b	h	t	长系列					短系列					d_2	d_1	L_1
				L	L_1	L_2	d_1	(G)	L	L_1	L_2	d_1	(G)			
6	—	—	—	16	10	6	5.5							M4		
7							6.5	—							—	—
8	—	—	—	20	12	8	7.4							M6		
9							8.4									
10	—	—	—	23	15	12	9.25	—								
11	2	2	1.2				10.25	3.9								
12	2	2	1.2	30	18	16	11.1	4.3						M8×1	M4	10
14	3	3	1.8				13.1	4.7								
16	3	3	1.8	40	28	25	14.6	5.5	28	16	14	15.2	5.8	M10×1.25		
18	4	4	2.5				16.6	5.8				17.2	6.1		M5	13
19	4	4	2.5				17.6	6.3				18.2	6.6			
20	4	4	2.5	50	36	32	18.2	6.6				18.9	6.9	M12×1.25		
22	4	4	2.5				20.2	7.6	36	22	20	20.9	7.9		M6	16
24	5	5	2.5				22.2	8.1				22.9	6.4			
25	5	5	3	60	42	36	22.9	8.4	42	24	22	23.8	6.9	M16×1.5		
28	5	5	3				25.9	9.9				26.8	10.4		M8	19
30	5	5	3				27.1	10.5				28.2	11.1			
32	6	6	3.5	60	58	50	29.1	11.0	28	36	32	30.2	11.6	M20×1.5		
35	6	6	3.5				32.1	12.5				33.2	13.1		M10	22
38	6	6	3.5				35.1	14.0				36.2	14.6			

40	10	5	5				35.9	12.9				37.3	13.6	M24×2		
42	10	5	5				37.9	13.9				39.3	14.6		M12	28
45	12	5	5				40.9	15.4				42.3	16.1	M30×2		
48	12	5	5	110	62	70	43.9	16.9	62	54	50	45.3	17.6		M16	36
50	12	5	5				45.9	17.9				47.3	18.6			
55	14	9	5.5				50.9	19.9				52.3	20.6	M35×3		
56	14	9	5.5				51.9	20.4				53.3	21.1		M20	42
60	16	10	6				54.75	21.4				56.5	22.2	M42×3		
63	16	10	6				57.75	22.9				59.5	23.7			
65	16	10	6	140	105	100	59.75	23.9	105	70	63	61.5	24.7			
70	18	11	7				64.75	25.4				66.5	26.7	M48×3	M24	50
71	18	11	7				65.75	25.9				67.5	26.7			
75	18	11	7				69.75	27.9				71.5	28.7			
80	20	12	7.5	170	130	110	73.5	29.2	130	90	80	75.5	30.2	M55×4	—	—

附录7　装配图

附表 7-1　装配示意图常用简图符号(GB/T 4460—1984)

名称			基本符号	可用符号
轴,杆				
组成部分与轴(杆)的固定连接				
齿轮机构	齿轮(不指明齿线)	a.圆柱齿轮		
		b.圆锥齿轮		
	齿轮传动(不指明齿线)	a.圆柱齿轮		
		b.圆锥齿轮		
		c.蜗轮与圆柱蜗杆		

名称		基本符号	可用符号
联轴器 一般符号(不指明类型)		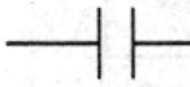	
皮带传动 一般符号(不指明类型)		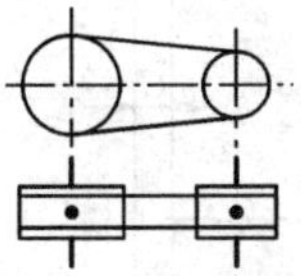	
螺杆传动 整体螺母		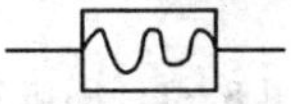	
轴承	a.普通轴承	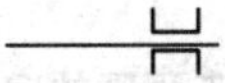	
	b.滚动轴承	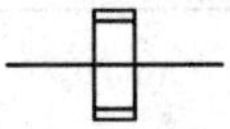	
	c.推力滚动轴承	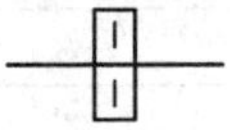	
	d.向心推力滚动轴承	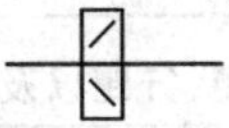	
电动机 一般符号		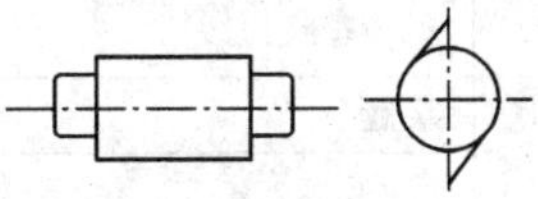	
压缩弹簧		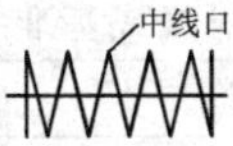 中线口	

附录 8 CAD 工程制图规则(摘自 GB/T 18229—2000)

附表 8-1 图纸基本幅面及格式　　　　　　　　　　　　　单位:mm

幅面代号	A0	A1	A2	A3	A4
B×L	841×1189	594×841	420×594	297×420	210×297
e	20			10	
c	10			5	
a	25				

注:在 CAD 绘图中对图纸有加长加宽的要求时,应按基本幅面的短边(B)成整数倍增加。

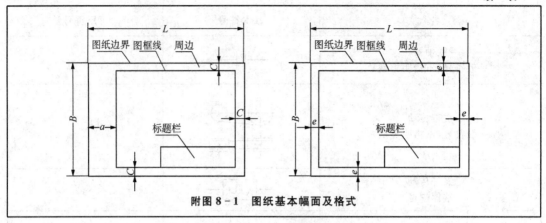

附图 8-1　图纸基本幅面及格式

附表 8-2　CAD 工程图的字体与图纸幅面之间的大小关系

字体　　　图幅	A0	A1	A2	A3	A4
字母数字	3.5				
汉字	5				

附表 8-3　字体的最小字(词)距、行距以及间隔线或基准线与书写字体之间的最小距离

字体	最小距离/mm	
汉字	字距	1.5
	行距	2
	间隔线或基准线与汉字的间距	1
拉丁字母、阿拉伯数字、希腊字母、罗马数字	字符	0.5
	词距	1.5
	行距	1
	间隔线或基准线与字母、数字的间距	1
注:当汉字与字母、数字混合使用时,字体的最小字距、行距等应根据汉字的规定使用		

附表 8-4　CAD 工程图中的字体选用范围

汉字字型	国家标准号	字体文件名	应用范围
长仿宋体	GB/T 13362.4~13362.5—1992	HZCF.*	图中标注及说明的汉字、标题栏、明细栏等
单线宋体	GB/T 13844—1992	HZDX.*	大标题、小标题、图册封面、目录清单、标题栏中设计单位名称、图样名称、工程名称、地形图等
宋体	GB/T 13845—1992	HZST.*	
仿宋体	GB/T 13846—1992	HZFS.*	
楷体	GB/T 13847—1992	HZKT.*	
黑体	GB/T 13848—1992	HZHT.*	

层号	描述	图例	屏幕上的颜色
01	粗实线 剖切面的粗剖切线	▬▬▬▬	白色
02	细实线 细波浪线 细折断线	〜〜〜	绿色
03	粗虚线	▬ ▬ ▬ ▬	黄色
04	细虚线	‒ ‒ ‒ ‒	黄色
05	细点画线 剖切面的剖切线	‒ · ‒ · ‒ · ‒	红色
06	粗点画线	▬ · ▬ · ▬ · ▬	棕色
07	细双点画线		粉红色

附录 9　化工工艺图相关规定

附表 9 - 1　图线用法及宽度(HG/T 20519.1—2009)

类别	图线宽度/mm			备注
	0.6~0.9	0.3~0.5	0.15~0.25	
工艺管道及仪表流程图	主物料管道	其他物料管道	其他	设备、机器轮廓线 0.25 mm
辅助管道及仪表流程图 公用系统管道及仪表流程图	辅助管道总管 公用系统管道总管	支管	其他	
设备布置图	设备轮廓	设备支架 设备基础	其他	动设备(机泵等)如只绘出设备基础,图线宽度用 0.6~0.9 mm
设备管口方位图	管口	设备轮廓 设备支架 设备基础	其他	
管道布置图	单线 (实线或虚线) 管道		法兰、阀门及其他	
	双线 (实线或虚线)	管道		
管道轴侧图	管道	法兰、阀门、承插焊螺纹连接的管件的表示线	其他	
设备支架图 管道支架图	设备支架及管架	虚线部分	其他	
特殊管件图	管件	虚线部分	其他	

注:凡界区线、区域分界线、图形接续分界线的图线采用双点划线,宽度均用 0.5 mm。

附表 9 - 2　文字高度(HG/T 20519.1—2009)

书写内容	推荐字高/mm
图表中的图名及视图符号	5～7
工程名称	5
图纸中的文字说明及轴线号	5
图纸中的数字及字母	2～3
图名	7
表格中的文字	5
表格中的文字(格高小于 6 mm 时)	3

附表 9 - 3　工艺管道及仪表流程图中常用设备、机器图例(节选)(HG/T 20519.2—2009)

类别及代号	图例	类别及代号	图例
塔 T	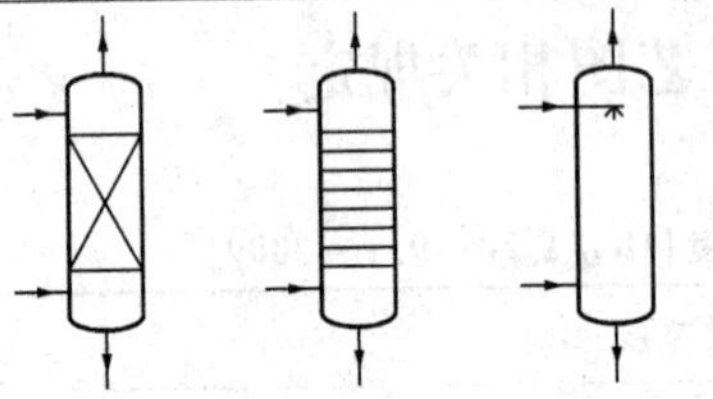 填料塔　板式塔　喷洒塔	泵 P	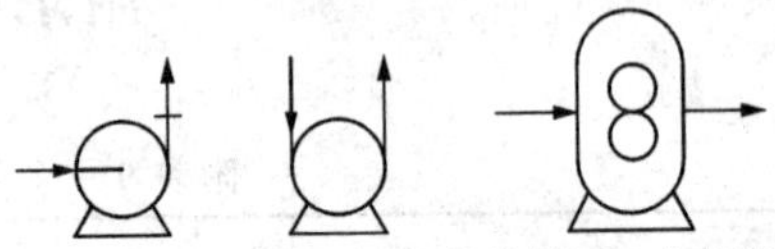 离心泵　水环式真空泵　旋转泵　齿轮泵
反应器 R	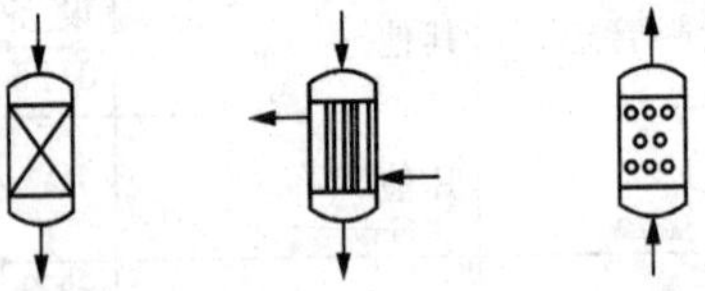 固定床反应器　列管式反应器　液化床反应器 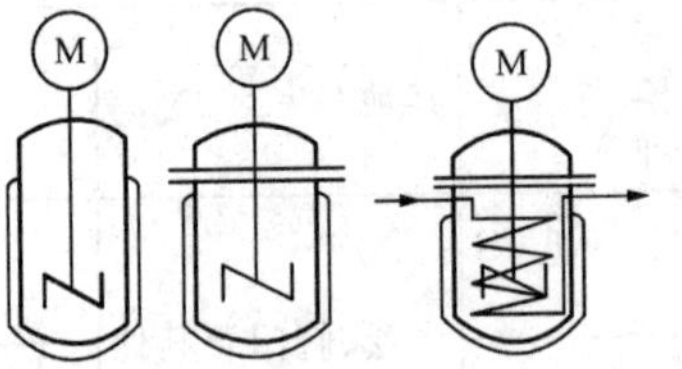 ① ② ③ ①、②(开式、带搅拌、夹套)反应釜 ③(开式、带搅拌、夹套、内盘管)反应釜	压缩机 C	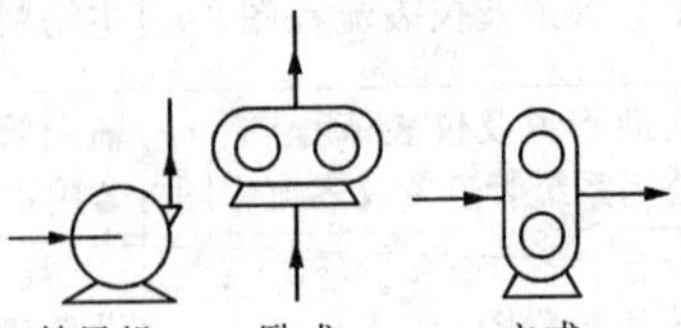 鼓风机　卧式　立式 旋转式压缩机 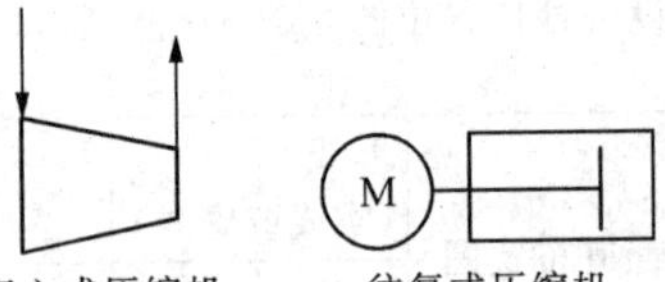 离心式压缩机　往复式压缩机
工业炉 F	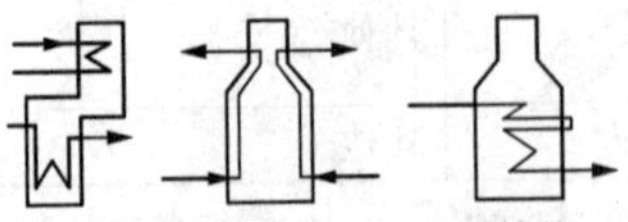 箱式炉　圆筒炉　圆筒炉	换热器 E	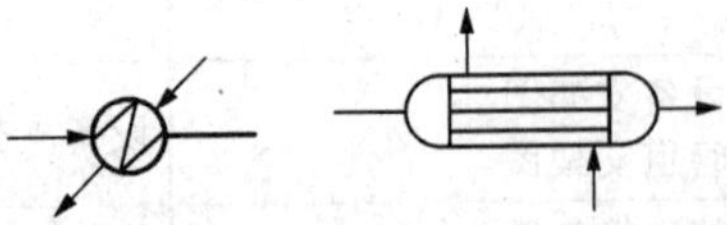 换热器(简图)　固定管板式列管换热器

类别及代号	图例	类别及代号	图例
换热器 E	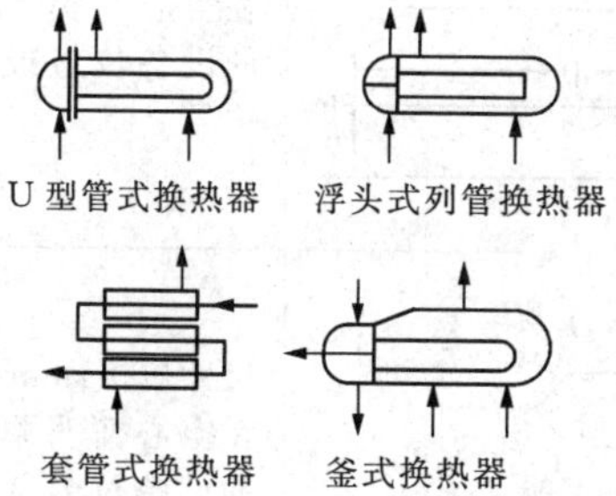 U 型管式换热器　浮头式列管换热器 套管式换热器　釜式换热器	容器 V	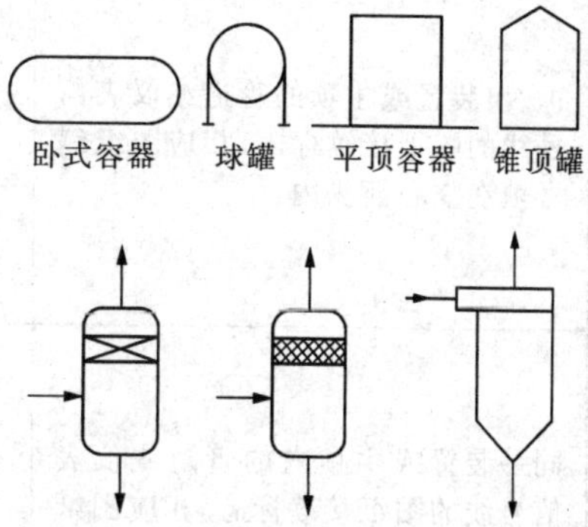 卧式容器　球罐　平顶容器　锥顶罐 分离器： ① 填料除沫　② 丝网除沫　③ 旋风

附表 9－4　工艺管道及仪表流程图中常用管道、管件及管道附件图例(HG/T 20519.2—2009)

名称	图例	备注
主物料管道		粗实线
次要物料管道,辅助物料管道		中粗线
引线、设备、管件、阀门、仪表图形符号和仪表管线等		细实线
原有管道(原有设备轮廓线)		管线宽度与其相接的新管线宽度相同
地下管道(埋地或地下管沟)		
蒸汽伴热管道		
电伴热管道		
夹套管	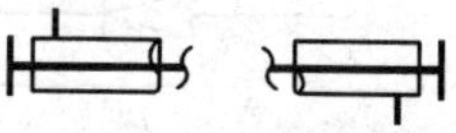	夹套管只表示一段
管道绝热层	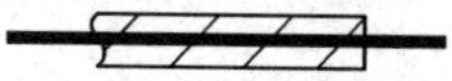	绝热层只表示一段
流向箭头		
坡度	 $i=$	

名称	图例	备注
进、出装置或主项的管道或仪表信号线的图纸接续标志,相应图纸编号填在空心箭头内	进 ⊢──40──⊣ ⊢3 （空心箭头图例） 6↕ 出 3⊣ ⊢──40──⊣ ↕6	尺寸单位:mm 在空心箭头上方注明来或去的设备位号或管道号或仪表位号
同一装置或主项内的管道或仪表信号线的图纸接续标志,相应图纸编号的序号填在空心箭头内	进 ⊢10⊣⊢3 6↕ 出 3⊣⊢10⊣ 6↕	尺寸单位:mm 在空心箭头附件注明来或去的设备位号或管道号或仪表位号
闸阀	──▷◁──	
截止阀	──▷◁──	
节流阀	──▶◀──	
球阀	──▷○◁──	圆直径:4 mm
旋塞阀	──▶●◀──	圆黑点直径:2 mm
止回阀	──▷|──	
柱塞阀	──▷○◁──	
蝶阀	──▷●──	
减压阀	──▶▷◁──	
针形阀	▷◁	
呼吸阀	（呼吸阀图例）	
带阻火器呼吸阀	（带阻火器呼吸阀图例）	
阻火器	──▷⊠──	

名称	图例	备注
视镜、视钟		
消声器		在管道中
消声器		放大气
爆破片		真空式　压力式
Y 型过滤器		
锥型过滤器		方框 5 mm×5 mm
T 型过滤器		方框 5 mm×5 mm
罐式（篮式）过滤器		方框 5 mm×5 mm

附表 9-5　物料代号（HG/T 20519.2—2009）

种类	代号	名称	代号	名称	代号	名称	代号	名称
工艺物料代号	PA	工艺空气	PGL	气液两相流工艺物料	PL	工艺液体	PS	工艺固体
	PG	工艺气体	PGS	气固两相流工艺物料	PLS	液固两相流工艺物料	PW	工艺水
辅助、公用工程物料代号	空气							
	AR	空气	CA	压缩空气	IA	仪表空气		
	蒸汽、冷凝水							
	HS	高压蒸汽	LS	低压蒸汽	MS	中压蒸汽	SC	蒸汽冷凝水
	HUS	高压过热蒸汽	LUS	低压过热蒸汽	MUS	中压过热蒸汽	TS	伴热蒸汽
	水							
	BW	锅炉给水	CWS	循环冷却水上水	FW	消防水	RW	原水、新鲜水

种类	代号	名称	代号	名称	代号	名称	代号	名称
	CSW	化学污水	DNW	脱盐水	HWR	热水回水	SW	软水
	CWR	循环冷却水回水	DW	饮用水、生活用水	HWS	热水上水	WW	生产废水
燃料								
	FG	燃料气	FL	液体燃料	FS	固体燃料	NG	天然气
油								
	DO	污油	FO	燃料油	GO	填料油	LO	润滑油
	RO	原油	SO	密封油				
制冷剂								
	AG	气氨	ERG	气体乙烯或乙烷	FRG	氟里昂气体	PRG	气体丙烯或丙烷
	AL	液氨	ERL	液体乙烯或乙烷	FRL	氟里昂气体	PRL	液体丙烯或丙烷
	RWR	冷冻盐水回水	RWS	冷冻盐水上水				
其他								
	DR	排液、导淋	H	氢	N	氮	VE	真空排放气
	FSL	熔盐	HO	加热油	O	氧	VT	放空
	FV	火炬排放气	IG	惰性气	SL	泥浆		
物料代号使用和增补规定	根据工程项目具体情况,可以将辅助、公用工程系统物料代号作为工艺物料代号使用;可以适当增补新的物料代号,但不得与前述规定的物料代号相同。例如以天然气为原料制取合成氨的装置中,其工艺物料代号补充规定如下:							
	AG	气氨	AW	氨水	NG	天然气	TG	尾气
	AL	液氨	CG	转化气	SG	合成气		

附表 9-6　管道布置图和轴测图上管子、管件、阀门及管道特殊件图例(HG/T 20519.4—2009)

名称		管道布置图		轴测图
		单线	双线	
90°弯头	螺纹或承插焊连接			
	对焊连接			

名称		管道布置图		轴测图
		单线	双线	
三通	法兰连接			
	螺纹或承插焊连接			
	对焊连接			
	法兰连接			
四通	螺纹或承插焊连接			
	对焊连接			
	法兰连接			

名称	管道布置图各视图			轴测图	备注
闸阀					
截止阀					
角阀					
节流阀					
"T"型阀					
球阀					
三通球阀					
三通旋塞阀					
三通阀					

名称	管道布置图各视图			轴测图	备注
对夹式蝶阀					
法兰式蝶阀					
柱塞阀					
止回阀					
切断式止回阀					
视镜				玻璃管式视镜画法举例	
阻火器					
排液环					

名称	传动结构			轴测图	备注
	管道布置图各视图				
电动式					1. 传动结构型式适合于各种类型的阀门 2. 传动结构应按实物的尺寸比例画出，以免与管道或其他附件相碰 3. 点划线表示可变部分
气动式					
液压或气压缸式					
正齿轮式					

附表 9 - 7 管道压力等级(摘自 HG 20519.37—1992)

管道公称压力等级							
压力等级(用于 ANSI 标准)				压力等级(用于国内标准)			
代号	公称压力/LB	代号	公称压力/LB	代号	公称压力/MPa	代号	公称压力/MPa
A	150	E	900	L	1.0	Q	6.4
B	300	F	1 500	M	1.6	R	10.0
C	400	G	250	N	2.5	S	16.0
D	600			P	4.0	T	20.0

注:管道的公称压力(MPa)等级代号,用大写英文字母表示。A～K 用于 ANSI 标准压力等级代号(其中 I、J 不用),L～Z 用于国内标准压力等级代号(其中 O、X 不用)。

附表 9 - 8 管道材质类别(摘自 HG 20519.37—1992)

代号	管道材料	代号	管道材料	代号	管道材料
A	铸铁	B	碳钢	C	普通低合金钢
D	合金钢	E	不锈钢	F	有色金属
G	非金属材料	H	衬里及内防腐		

附表 9−9　隔热或隔声代号(摘自 HG 20519.37—1992)

代号	功能类型	备注	代号	功能类型	备注
H	保温	采用保温材料	C	保冷	采用保冷材料
P	人身防护	采用保温材料	D	防结露	采用保冷材料
N	隔声	采用隔声材料	E	电伴热	采用电热带和保温材料

附表 9−10　被测量变量和仪表功能的字母代号

字母	第一位字母		第二位字母		
	被测变量或引发变量	修饰词	读出功能	输出功能	修饰词
A	分析		报警		
B	烧嘴、火焰		供选用	供选用	供选用
C	电导率			控制	
D	密度	差			
E	电压(电动势)		检测元件		
F	流量	比(分数)			
G	供选用		视镜、观察		
H	手动				高
I	电流		指示		
J	功率	扫描			
K	时间、时间程序	变化频率		操作器	
L	物位		灯		低
M	水分或湿度	瞬动			中、中间
N	供选用		供选用	供选用	供选用
O	供选用		节流孔		
P	压力、真空		连接点、测试点		
Q	数量	积算、累计			
R	核辐射		记录		
S	速度、频率	安全		开关联锁	
T	温度			传送	
U	多变量		多功能	多功能	多功能

字母	第一位字母		第二位字母		
	被测变量或引发变量	修饰词	读出功能	输出功能	修饰词
V	振动、机械监视			阀、风门百叶窗	
W	重量、力		套管		
X	未分类	X轴	未分类	未分类	未分类
Y	事件、状态	Y轴		继动器、计算器、转换器	
Z	位置	Z轴		驱动器、执行机构未分类的最终执行元件	

附表 9-11　被测变量及仪表功能组合示例

仪表功能 ＼ 被测变量	温度	温差	压力	压差	流量	分析	密度
指示	TI	TDI	PI	PDI	FI	AI	DI
指示、控制	TIC	TDIC	PIC	PDIC	FIC	AIC	DIC
指示、报警	TIA	TDIA	PIA	PDIA	FIA	AIA	DIA
指示、开关	TIS	TDIS	PIS	PDIS	FIS	AIS	DIS
记录	TR	TDR	PR	PDR	FR	AR	DR
记录、控制	TRC	TDRC	PRC	PDRC	FRC	ARC	DRC
记录、报警	TRA	TDRA	PRA	PDRA	FRA	ARA	DRA
记录、开关	TRS	TDRS	PRS	PDRS	FRS	ARS	DRS
控制	TC	TDC	PC	PDC	FC	AC	DC
指示灯	TL	TDL	PL	PDL	FL	AL	DL
开关	TS	TDS	PS	PDS	FS	AS	DS

参 考 文 献

［1］化工部工程建设标准编辑中心.化工工艺设计施工图内容和深度统一规定［M］.北京:化工工业出版社,2009.

［2］赵忠玉.测量与机械零件测绘［M］.北京:机械工业出版社,2008.

［3］王家祥,陆玉兵.机械制图测绘实训［M］.北京:北京理工大学,2011.

［4］高玉芬.机械制图测绘实训指导［M］.大连:大连理工出版社,2009.

［5］郑建中.机器测绘技术［M］.北京:机械工业出版社,2012.

［6］金波.典型零件测量与计算机绘图［M］.北京:科学出版社,2009.

［7］王子媛等.零部件测绘实训［M］.广州:华南理工大学出版社,2009.

［8］高红.机械零部件测绘［M］.北京:中国电力出版社,2011.

［9］刘立平.化工制图［M］.北京:化学工业出版社,2010.

［10］刘立平.计算机绘图——AutoCAD上机指导［M］.北京:化学工业出版社,2012.

［11］蒋晓.AutoCAD2007中文版机械制图实例教程［M］.北京:清华大学出版社,2007.

［12］刘力.机械制图(第3版)［M］.北京:高等教育出版社,2008.

参考文献

图书在版编目（CIP）数据

制图测绘与 CAD 实训/刘立平主编. —上海：复旦大学出版社，2015.2(2019.7 重印)
（复旦卓越·普通高等教育 21 世纪规划教材·机械类、近机械类）
ISBN 978-7-309-10657-2

Ⅰ. 制⋯　Ⅱ. 刘⋯　Ⅲ. ①机械制图-AutoCAD 软件-高等学校-教材
②机械元件-测绘-AutoCAD 软件-高等学校-教材　Ⅳ. ①TH126②TH13

中国版本图书馆 CIP 数据核字(2014)第 095138 号

制图测绘与 CAD 实训
刘立平　主编
责任编辑/张志军

复旦大学出版社有限公司出版发行
上海市国权路 579 号　邮编：200433
网址：fupnet@ fudanpress. com　http://www. fudanpress. com
门市零售：86-21-65642857　团体订购：86-21-65118853
外埠邮购：86-21-65109143　出版部电话：86-21-65642845
大丰市科星印刷有限责任公司

开本 787 × 1092　1/16　印张 17　字数 362 千
2019 年 7 月第 1 版第 3 次印刷

ISBN 978-7-309-10657-2/T · 512
定价：36.00 元